零度庄园
3ds Max&VRay
流 水 别 墅 表 现 艺 术

赵伟楠 编著

U0316342

人民邮电出版社
北京

图书在版编目（CIP）数据

零度庄园. 3ds Max&VRay流水别墅表现艺术 / 赵伟
楠编著. -- 北京 : 人民邮电出版社，2014.1
　ISBN 978-7-115-33329-2

　Ⅰ. ①零… Ⅱ. ①赵… Ⅲ. ①别墅－建筑设计－计算
机辅助设计－图形软件 Ⅳ. ①TU201.4②TP391.41

　中国版本图书馆CIP数据核字(2013)第237148号

内 容 提 要

　　本书使用3ds Max、VRay、TREE STORM、Photoshop和After Effects等主流软件工具，介绍了"流水别墅"建筑在"春、夏、秋、冬"季节及清晨、正午、黄昏和夜晚不同时段的场景氛围表现，对室外建筑表现为满足不同视觉感受而需要展现的技法做了详细的讲解。

　　随书附带1张DVD9多媒体教学光盘，包含本书案例的所有教学视频，时间长约12个小时；素材内容包括制作案例时需要用到的所有场景及素材文件。

　　本书不仅适合建筑、装潢、环艺等从业人员，以及从事建筑表现的初、中级读者学习；也适合有志于成为专业场景师、渲染师的读者学习；同时还可以作为环境艺术、建筑表现等相关设计专业学生的辅导教材。

- ◆ 编　　著　　赵伟楠
- 　责任编辑　　郭发明
- 　执行编辑　　何建国
- 　责任印制　　方　航

- ◆ 人民邮电出版社出版发行　　北京市丰台区成寿寺路 11 号
- 　邮编　100164　电子邮件　315@ptpress.com.cn
- 　网址　http://www.ptpress.com.cn
- 　北京盛通印刷股份有限公司印刷

- ◆ 开本：787×1092　1/16
- 　印张：19
- 　字数：553 千字　　　　　　　　2014 年 1 月第 1 版
- 　印数：1－3 500 册　　　　　　　2014 年 1 月北京第 1 次印刷

定价：98.00 元（附 1DVD）

读者服务热线：**(010)81055410**　印装质量热线：**(010)81055316**
反盗版热线：**(010)81055315**
广告经营许可证：**京崇工商广字第 0021 号**

丛书编委会

总编 (Editor-in-Chief)	王 琦（Wang Qi）
执行主编 (Executive Editor)	李才应（Li Caiying）
项目负责 (Project Manager)	林键（Lin Jian）
技术编辑 (Technical Editor)	王丹丹（Wang Dandan）
	蔡馨书（Cai Xinshu）
版面构成 (Layout)	贾培莹（Jia Peiying）
文稿编辑 (Editor)	林键（Lin Jian）
美术编辑 (Art Editor)	张仁伟（Zhang Renwei）
多媒体编辑 (Multimedia Editor)	江明凯（Jiang Mingkai）
网络推广 (Internet Marketing)	高 远（Gao Yuan）

作者简介

赵伟楠

出生于 1981 年 2 月 5 日，自小学习美术，至今已有 25 年画龄，于 2004 年毕业于辽宁工学院艺术系，毕业后一直从事建筑表现方面的工作。2004 年 10 月开始了第一段工作旅程——在广州建筑动画公司工作；2006 年来到深圳日企效果图制作公司，在这里掌握了对工作的控制能力及刻画细节的能力；2007 年来到北京，在某专业效果图制作公司任技术主管，参加过多次国家级、省级的项目投标工作，均获得不俗的佳绩。

投稿热线 Tel：010-59833333-8851
技术支持 Tel：010-59833333-8857　　网址 http://book.hxsd.com
淘宝旗舰店 http://hxmdt.taobao.com/

　　"流水别墅"是美国一栋知名的建筑，它超越了一般含义上的住宅，整个建筑与周围的自然景观完美结合在一起，构成了一个人类与自然和谐共处的建筑形象。

　　本书以"流水别墅"为主体对象，表现它在春天、夏天、秋天、冬天、清晨、正午、黄昏和夜晚8个时间段的场景效果，分别安排了"早春之晨"、"酷夏之炎"、"中秋之夕"和"寒冬之夜"4章内容，对这8个时间段的场景表现过程进行了讲解。

　　在实现案例的过程中，本书通过大量的实景照片来分析春、夏、秋、冬4个季节，以及"流水别墅"的特点，使用多种软件工具对场景中的植物、石头、草地、流水等元素进行制作，结合VRay渲染设置与后期调节，得到最终的效果。

本书涉及的软件：3ds Max、VRay、TREESTORM、RealFlow、Photoshop、After Effects

全书共 8 章，内容如下。

第1章 案例分析	对"流水别墅"场景要表现的地理环境、自然环境、光源、阴影、材质、镜头等元素深入进行分析，准确定位作品要表达的意境和感觉
第2章 配景制作	介绍石头、树木、植物、草地、水等配景的制作要点，以及植物、流水动画的设置
第3章 循序渐进	初步设置场景，内容包括VRay三步法设置、检查模型、加入材质、检查材质等
第4章 早春之晨	表现"流水别墅"在早春清晨环境下的场景效果，学习搭建"早春之晨"的场景，调节植物、石头、冰面、雪地的质感
第5章 酷夏之炎	表现"流水别墅"在夏天正午时段的场景效果，学习搭建"酷夏之炎"的场景，重点在于植物材质的调节及场景氛围的把握
第6章 中秋之夕	表现"流水别墅"在秋天黄昏时段的场景效果，学习修改植物素材、设置秋天植物的材质及后期调节
第7章 寒冬之夜	表现"流水别墅"在冬天夜晚时段的场景效果，学习修改植物素材、制作雪地模型、调节冬季植物的材质及室内光的表现
第8章 问题总结	优秀的场景师或渲染师应该学会控制场景细节，例如，物体的摆放、构图、作品时间段及感觉的把握等

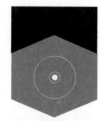

光盘使用说明

光盘内容说明　　本书共8章，其教学视频和素材文件安排在1张DVD9光盘中，光盘的内容结构如下图所示。

多媒体
教学启动
程序

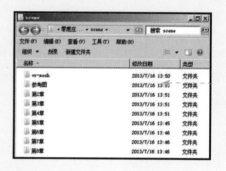

各章素材

光盘使用建议

　　在配套光盘的"DVD9\part\video"文件夹中存放了相应案例实现过程的教学视频文件。将该路径下的视频文件复制到硬盘中播放，可以减轻对光驱的磨损。

光盘使用步骤

　　① 本书的教学视频以网页的形式提供给读者，为方便大家学习与查询，直接双击光盘根目录下的Index.html文件，即可打开界面，浏览教学视频，如下图所示。

② 单击标题
选择视频内容

③ 单击图像
打开视频

④ 打开的视频如下图所示。

* 建议使用IE9.0以上版本的浏览器打开教学视频的网页 *

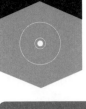

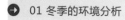

早春之晨

酷夏之炎

中秋之夕

寒冬之夜

目 录

零度庄园——3ds Max&VRay 流水别墅表现艺术

在开始表现"流水别墅"场景之前，我们有必要对该建筑场景的地理环境、自然环境、光源、阴影、材质和镜头进行细致的分析，然后对感觉定位及思路整理的要点做详细的介绍，为接下来的制作做好准备。对场景理解得越透彻，目标就会越明确，也越有利于后面的工作。

➔ 1.1 地理环境分析

在本章 1.1 节中，我们首先对流水别墅的地理环境做一个充分的了解，这样会有助于后续的工作。流水别墅是由美国的建筑师赖特设计的，如下图所示。赖特于 1867 年出生在美国的威斯康星州，他的代表作非常多，主要有东京帝国饭店、流水别墅等，本书就以流水别墅的建筑表现为例，对该建筑整体的表现过程及思路进行讲解。

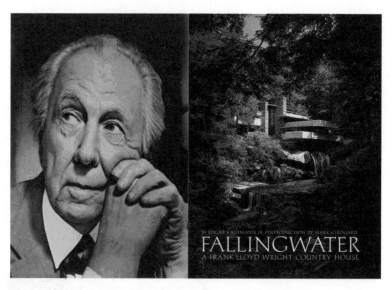

这个流水别墅建于 1963 年，位于宾夕法尼亚州匹兹堡郊区的熊溪河畔，当时的业主是一位百货公司老板德国移民——考夫曼，这座流水别墅在当时又称为考夫曼住宅，它的面积约为 380m²，共三层，如下图所示。

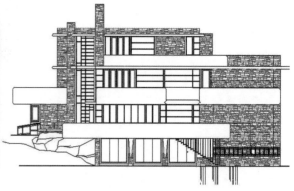

流水别墅建成之后扬名四海，赖特去世后，业主考夫曼决定将别墅献给政府，永远供人参观。在交接仪式上，他说："流水别墅的美依然像它所在的自然环境那样清新而富有生命力，它曾是一个绝妙的栖身之地，但又不仅如此，它还是一件艺术品"。考夫曼对流水别墅的评价是非常高的，它超越了一般含义上的住宅，整个建筑与周围的自然景观完美结合在一起，构成了一个人类与自然和谐共处的建筑形象。如下图所示。

我们先来了解一下流水别墅所在的匹兹堡市，城市的面积是 $144km^2$，市区人口约 33 万人，属于温带大陆性湿润气候，这也是我们重点要了解的内容。如下图所示，这里有匹兹堡的简介，如果读者想详细了解，可以在网上搜索相关信息。

尽管匹兹堡市所处的地理位置属于温带大陆性湿润气候，但冬季还是比较寒冷的，1 月平均气温为 -3~5℃，7 月平均气温为 22.5℃。年平均降雨量为 92.2 厘米，降雪量为 112.3 厘米。每年从 10 月开始气温慢慢下降，11 月就会开始下雪，1 月是降雪量最多的月份，冬天比较寒冷，气温最低会降到零下 20 摄氏度，如下图所示。

显示▼隐藏▲ 匹兹堡 (匹兹堡国际机场, 1971-2000)气候平均数据													
月份	1月	2月	3月	4月	5月	6月	7月	8月	9月	10月	11月	12月	全年
平均高温 °C (°F)	1.7 (35.1)	3.8 (38.8)	9.7 (49.5)	15.9 (60.6)	21.6 (70.9)	26.2 (79.2)	28.2 (82.8)	27.3 (81.1)	23.4 (74.1)	16.9 (62.4)	10.3 (50.5)	4.3 (39.7)	15.8 (60.4)
平均低温 °C (°F)	-6.7 (19.9)	-5.4 (22.3)	-1.1 (30)	3.9 (39)	9.6 (49.3)	14.3 (57.7)	16.9 (62.4)	16.1 (61)	12.2 (54)	5.8 (42.4)	1.2 (34.2)	-3.7 (25.3)	5.3 (41.5)
降水量 mm (英寸)	65.8 (2.591)	62.7 (2.469)	82.3 (3.24)	78.0 (3.071)	102.6 (4.039)	99.8 (3.929)	99.1 (3.902)	80.0 (3.15)	79.5 (3.13)	59.7 (2.35)	77.5 (3.051)	72.6 (2.858)	961.4 (37.85)
降雪量 cm(英寸)	30.2 (11.89)	21.6 (8.5)	20.6 (8.11)	3.8 (1.5)	0 (0)	0 (0)	0 (0)	0 (0)	0 (0)	1.0 (0.3)	7.9 (3.1)	17.3 (6.81)	102.4 (40.31)
日照时数	93	110.2	155	183	217	243	254.2	229.4	198	167.4	99	74.4	2,023.6
来源 #1: NOAA [3] 2010年5月11日													
来源 #2: HKO [4] 2010年5月11日													

　　可见它的气候条件与我国的东北地区差不多，但它的气温要稍高一些，四季还是非常分明的，了解了这些信息后，我们再通过网络搜索这个城市的相关图片，来间接感受一下它在春、夏、秋、冬4个季节里的"模样"。

　　如下图所示，大家现在看到的就是宾夕法尼亚州匹兹堡市的图片，正处在夏季，它的植物非常绿。

　　下图所示的是一个秋季的场景，有的树叶已经变黄了，非常漂亮，这个城市的景观设计还是不错的。

　　在冬季，整个城市被白雪覆盖，如下图所示。

　　我们将利用这个城市的环境特点来表现流水别墅这个建筑。在这个作品中，笔者会分别为春、夏、秋、冬4个季节的不同时间段，如清晨、正午、黄昏、夜景，使用3ds Max、VRay等软件工具进行制作。因此这个作品要表现的是8种环境，春、夏、秋、冬4个季节和清晨、正午、黄昏、夜景这4个时

间段。为了能够更加形象地呈现这 8 种画面内容，我们在本章 1.1 节中要做好准备工作，可以通过网络
搜索大量的图片作为参考，同时在搜集资料的过程中更多地了解这座城市，了解这个别墅所在的位置，
以及在不同季节、不同时间段带来的不同感觉，如下图所示。

⊙ 1.2 场景分析

　　大家先不要急于打开 3ds Max 软件，笔者要在本章中对流水别墅做一个详细的分析，从它的方方面
面入手，充分了解别墅的场景，这样在后面的制作中才能更加得心应手。第 1 章安排的内容是以理论知
识为主的，后面的章节将逐步介绍制作方法。

　　下面先对场景进行分析，按照笔者的思路，从整体到细节，分析流水别墅。

　　如下图所示，这张图片呈现的是一个整体场景，视觉中心有一栋别墅，一些流水从石头上倾泻而
下，周围是茂密的植物，这就是整个场景要表现的内容，建筑、流体、石头、植物，也是在接下来将要
制作的部分。

整个建筑的形体非常漂亮，设计也非常合理，采光及通透性都是一流的，如下图所示。在分析时，我们要重点考虑周边的环境对建筑的影响，主要是对建筑光影的影响，比如阳光透过这些植物后，影子投射到建筑上是什么样的感觉，这是我们必须关注的内容。

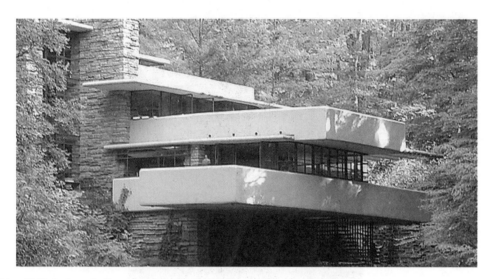

石材，从技术方面来讲，要考虑的是它的形体、材质，以及对流体的遮挡，在本书中安排了制作石头模型及材质的内容。

流水会根据石头的不同走向流动，有些地方被遮挡住了，有些地方会与石头产生碰撞，在制作这些流体时，要充分考虑它的流速、方向，以及碰到物体后那种真实的感觉，还有材质的表现，如下图所示。

周边的植物在画面中所占的比例非常大，这些植物看起来没什么太大的区别，这是由于拍摄角度的原因，没有体现出它的立体感，或者是深度。可以多收集几幅图片综合进行分析，了解叶片的生长方向及下垂感，分清楚哪些是小型植物，哪些是中型植物，哪些是大型植物，这些我们都要考虑到，在某些植物的枝干上面还会长出黄色的叶子，并不是所有的叶片都是绿色的，如下图所示。

　　我们再来看一下其他的图片，如下图所示，这张图片的拍摄季节接近于冬天，或者是早春，因为植物的叶子已经泛黄了，而且掉落了一部分，这个季节应该是比较寒冷的，这位作者拍摄的角度也很有意思，是仰角，离建筑很近，这样能够清晰地看到石头的材质。

　　如下图所示，我们可以从平视的角度去观察别墅周围的植物，了解这些植物的特点。

如下图所示，这两幅画面呈现的是秋天的感觉，可能有些人认为，当秋天来临时，地面上的一些灌木、小的植物、树叶会开始变黄。其实不然，我们仔细观察这张照片，地面上的植物并没有发黄，而树上的叶子已经变成金黄色了，所以当树叶开始变黄，而地面上的植物还是绿色时，我们可以判断此时的季节为秋天；如果地面上的所有植物开始变黄，甚至逐渐枯萎，则表示此时的季节为冬天。这里只是提供了一种常识性的判断依据，并不是绝对的。

如下图所示，同样可以用上面的方法进行分析。

如下图所示，很明显是一个冬季的场景，有树挂（雾凇）现象，地面上有很多积雪，原来的流水已经结成冰，还有一部分没有结冰。在冬天，如果气温不是很低，且水流的速度比较快，是不会结冰的，除非温度再低一些，达到－20℃及以上，这样才会结冰。

本节我们对别墅场景进行了分析，在建筑的周围有很多的植物、石头，以及流水，特别是流水在整个建筑的表现上是很出彩的一部分，所以要尽力将它表现好，可以搜集一些真实的素材或照片作为参考，如下图所示。

关于场景的分析就介绍到这里。

⊙ 1.3 自然环境分析

上一节我们按从整体到局部的顺序，对场景进行了分析，其中也涉及了一些环境的内容，在本节中，自然环境的分析主要与季节有关，将围绕春、夏、秋、冬4个季节展开。

首先我们来看一下夏季的自然环境，如下图所示。在夏天，植物的颜色、茂密程度我们都要考虑到，比如植物的叶子呈深绿色，远远看上去会显得有一些暗，并且叶子的分布非常密，这是夏季最突出的特点。在表现夏季场景时，要抓住这个特点，此外，植物的表现与光源、天光颜色、周围的景物也都是有关系的。

如下图所示，这是秋季的景象，叶子正由绿色变为黄色，甚至慢慢枯萎，由于树种的不同，叶子的颜色也会不同。因此，在别墅场景中，可以看到建筑后边的树木，既有红黄相间的叶子，也有绿黄相间的叶子，它们搭配在一起显得非常漂亮，这是秋季中最美的时刻。

然而地面上的这些植物，如下图所示，它的颜色并没有像树上的叶子一样变黄，还是很绿的，当然这种绿与夏季的绿还是有区别的。

我们可以这样理解，在夏季天气非常炎热，在这种环境下由于树木很多，很茂密，高大的植物会遮挡住阳光，地面上产生大面积的阴影，矮小的植物长期处在阴凉的状态下，再加上有流水经过，这里的空气会非常湿润，所以在夏季，植物的表面会有一些水分，如下图所示，显得非常光亮，在表现的时候也要注意这一点。

　　而到了秋季，由于空气的湿度进一步降低，逐渐过渡到冬季，所以空气会变得干燥，植物的叶片表面会失去这种水分，而使植物变得干枯，如下图所示。在表现秋季时也要将这种感觉体现出来。

　　冬季，风是比较大的，大风会将树上的叶子吹落，我们看到很高大的树，树梢上基本没有叶子，但是对于地面上矮小的植物来说，它的叶子并没有完全掉落，很多叶片上会挂满积雪，这是冬季最明显的特征，如下图所示。到了冬季，空气会非常干燥，所以看到的植物完全没有生机。

　　春天，可以看做是冬季和夏季的过渡季节，如下图所示。

在冬季，树上的叶子很少，地面上矮小植物的叶子也已经变得干枯，但是到了春季，这些植物又开始生长，这些叶子会非常嫩，呈现出来的颜色也是嫩绿色，非常新鲜，叶子的茂盛程度不如夏季。

综上所述就是春、夏、秋、冬4个季节的自然环境特征。

还可以将每一个季节划分为3个阶段，比如春季可以分为立春、仲春和暮春，这里详细解释一下。

立春：大地开始复苏，河面上的冰开始融化，鱼开始到水面上游动，此时水面上还漂浮有碎冰片，草木长出嫩芽。从此，大地渐渐开始呈现出一派欣欣向荣的景象，如下图（左）所示。

仲春：这是燕飞来的时节，大部分地区都已进入了春耕时期，百花齐放，如下图（右）所示。下雨时天空偶尔会打雷并产生闪电。

暮春：在这个时节，先是白桐花开放，接着喜阴的田鼠不见了，全部回到了地洞中，雨后的天空可以见到彩虹了，树叶翠绿娇艳，如下图所示。

这个时节已经非常接近夏季了，植物的茂密程度和颜色都有了很大的变化，天空环境，空气的密度、湿度等也有了明显的变化。

我们深入分析关于季节的相关信息，是想提醒读者多积累这方面的知识，为后面的制作做准备。在"流水别墅"案例中，"早春之晨"表现的是别墅在春天早晨的场景；"酷夏之炎"要体现的是夏天正午炎热的感觉，但是在整个场景中由于植物非常茂盛，地面上会产生很多阴影，也要表现出阴凉的感觉；"中秋之夕"要表现的是别墅在中秋黄昏时的场景；"寒冬之夜"要表现的则是别墅在寒夜的景象。

➔ 1.4 光源分析

本节我们对光源进行分析。笔者在 3ds Max 中制作了一个时间盘,如下图所示。通过这个时间盘可以了解一天中光源方向的变化，在这个案例中准备分为 4 个时间段来进行讲解，分别是早晨、正午、黄昏和夜晚，这 4 个时间段我们每天都要经历。

如上图所示，中间是一个时间盘，横向代表的是每一天的时间，竖向代表太阳的高度，中间这个物体表示太阳在一天变化中所产生的阴影方向。

进入顶视图，在时间盘的周围标示出东、南、西、北 4 个方向，右边的发光物体作为太阳，然后在场景中打一盏灯光，让它在场景中产生阴影，如下图所示。

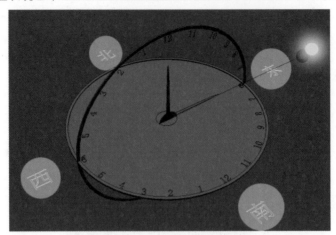

我们做了一个简单的动画，直接拖动时间滑块，可以看到，从早上 6 点开始，太阳升起之后，阴影的方向不断变化，阳光照在时间盘上的颜色也产生了变化，如下图所示。在早上 6 点时，阳光偏暖色，讲到这里，一些读者可能会问，早晨一般雾气比较大，此时光线颜色应该偏冷，在这里我们忽略雾气等因素，只谈光源本身。

随着太阳位置的升高，逐渐到中午 12 点的时候，它的阴影就变得很短，时间盘也显示得特别亮，这就是正午的特点，阳光非常强烈，亮面和暗面的对比非常明显，如下图所示。

这个例子不能完全说明春、夏、秋、冬这 4 个季节的特点，只能说明在一天中每个不同时间段上阳光及阴影的变化。从下午 1 点到下午 6 点，它的阴影及时间盘上颜色的变化更接近黄昏，如下图所示。

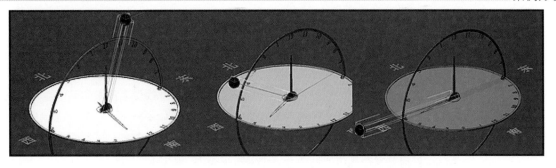

　　我们回到正午的时间段，在照片上，建筑的阴影并不像时间盘上的阴影那样垂直，在时间盘上，物体、影子，以及太阳形成了三点一线，如下图所示。

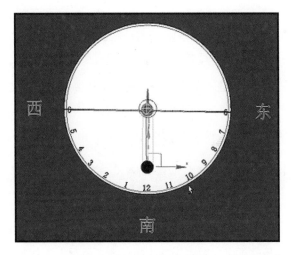

　　在现实生活中并不是这样的，因为我们的建筑并不是处在正向朝南的位置，如果是这样，那么一天中阳光进入室内的时间会非常短，在早晨或黄昏时，也不希望有太多光线进入室内，所以在设计建筑物时，位置会有些倾斜，如下图所示。当然这只是一方面，还要考虑到城市、地理位置等因素，对它都有一定的影响。

在时间盘上，太阳的位置并不是在正上方，如果在正上方，那么它的阴影就没有了，这不符合实际情况。

无论是做效果图表现，还是做建筑动画，都可以根据时间盘来判断光源的方向。

本节内容主要教会读者在做作品时如何把握好时间段，因为笔者发现很多人在做作品或看作品的时候，根本不知道这幅作品处在什么时间段，只能讲出大概的时间段，比如说下午，从13点到18点都属于下午，具体时间就分不清了，我们可以通过这个时间盘和刚才讲解的阴影方向，来判断在一天中具体的时间。我们的作品最好也能充分体现出时间关系，不要含糊不清，主光源可能在某一时间，但是室内或室外也会有一些辅助光源，如果没有控制好辅助光源，将两种光源混在一起，这样的作品显然是经不起推敲的，因此时间的把握非常重要。

不同的季节，其阳光在一天中照射的时间也是不同的。比如夏季，白昼的时间是最长的，通常太阳在早晨5点就已经升起，直到晚上19点才落下，但是在其他季节，白昼的时间会逐渐缩短；在冬季，下午17点天就已经黑了，早晨6点或7点才天亮，这是非常明显的特征。

我们在商业效果图中往往会表现这4个季节，在建筑动画中也是，但是很多初学者还是把握不好。通过本节内容的讲解，相信大家已经学会如何把握时间段的表现，我们的作品不仅要表现出不同季节、不同时间段的感觉，还要让人家能一眼看出作品的时间背景。

⊙ 1.5 阴影分析

阴影是建立在光源之上的，有了光源才会有阴影，光源包括人工光源、阳光和天光，人工光源包括电灯、手电筒等光源，它们都可以使物体产生阴影，如下图所示。本节我们的主题是"什么地方该产生阴影，以强化建筑的美感"，但是很多人对阴影的把握还有所不足，所以笔者先介绍一下关于阴影方面的知识。

阴影的产生依附于光源，如果学过几何图形的画法，那么就会知道如何用阴影来判断光源的方向和距离，很多读者没有这方面的经验，笔者现在就讲解如何用阴影来判断光源的方向，这在我们做效果图表现或对照照片建模时是非常有帮助的，还是借用时间盘来讲述，如下图所示。

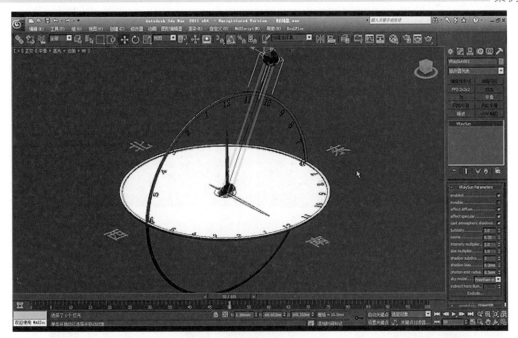

　　如下图所示，大家看到的是正午的时间，物体的影子非常短，最简单的判断方式是将阴影的最远端与物体的最顶端相连，用眼睛大致看一下它延伸的方向，就可以判定出阳光是从这个方向照射过来的。

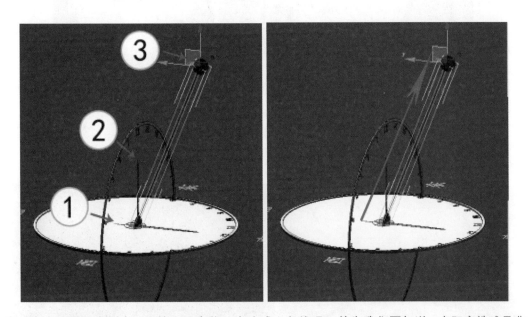

　　在"流水别墅"案例中，为什么没有将3点连成一条线呢？首先我们要知道，太阳离地球是非常远的，太阳发出的这种光线，能够把地球照得很亮，可以把它归类为平行光源，所以3点不在一条直线上。其次，在软件中虽然光源点离物体非常近，也不可能完全模拟出太阳的位置，但是 VRay 的光源可以模拟真实的太阳，无论光源点离物体多近或是多远，它都默认为像太阳一样的距离，所以这个点是无限延伸的，如果我们把这个光源换成其他任何一种灯光，比如泛光灯或目标聚光灯，连成一条直线的效果就很明显了，如下图所示。

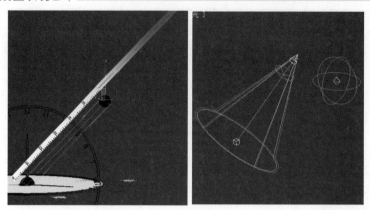

通过这条连线只能判断出光源基本的高度，可以通过阴影的倾斜角度来判断阳光的方向，这样将高度和方向结合起来分析，就可以准确地判断出阳光的具体位置，如下图所示。

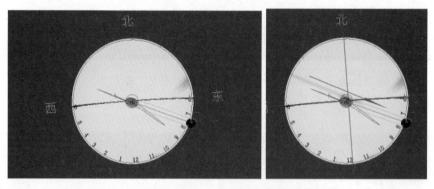

现在回到主题，什么地方该产生阴影，来强化建筑的美感呢？本书作品的中心是建筑，但是周围的环境也不能忽略。作为建筑来讲，如果周围有植物，这对我们的表现工作是非常有利的，因为树影打在建筑上会体现出它的体量感，如下图所示，但是有些建筑很高，树遮挡不了，那么该如何利用阴影来体现它，增强它的体量感呢？

一般来说，建筑都有自己的结构和特征，无论是像流水别墅一样的复杂形体，还是简单的结构，一般分为上、中、下3个层次，最上面是受光比较强的部分，如下图（左）所示；中间是亮部和暗部过渡的部分，如下图（右）所示。

最下面是阴影部分，如下图所示。

在表现时也要遵循这个规律，在顶端有充足的阳光来表现建筑的质感，中间是过渡区，我们不能从最上面的亮部直接到下面的暗部，这会显得不真实。比如这个流水别墅，建筑中间部分有树影的遮挡，形成亮部和暗部的自然过渡区，说明设计师在设计的时候把光影关系考虑进去了，所以这件作品，无论从哪个角度看都很美观。如下图所示，其他建筑也同样如此，在建筑的中间部分也要有过渡变化，如果是高层玻璃幕墙材质的建筑，可以用材质的反射功能进行过渡，比上面深一些的颜色，一般适合做配景的反射。

阴影一般可以分为两种，一种是硬阴影，另一种是软阴影，如下图所示。什么时候用哪种阴影，也要根据气候、光源的角度来定。为了使作品显得更逼真，这些细节一定要注意，具体的知识会在后面的章节中涉及到。

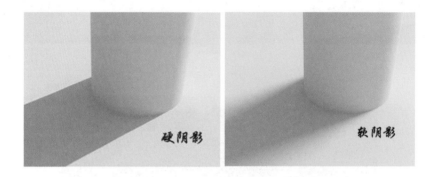

⊙ 1.6 材质分析

笔者把流水别墅场景中需要的材质分为4大类，分别是建筑材质、植物材质、流体材质和石材材质，如下图所示。因为石材材质和流体材质比较少，所以暂时不介绍。

建筑材质，因为表现的主题是春、夏、秋、冬这4个季节，这一年的变化对于建筑来说没有太大的影响，所以建筑不会产生大的变化，如下图（左）所示；但是对于植物来说，材质的选择非常重要，在这个树林里，它的植物种类非常多，如下图（右）所示。

为了增加场景的真实感，应根据照片尽量多选择一些植物种类，如果不知道植物的具体类型，或者无法找到与照片中相同的植物，则可以找一些相似的素材，或者使用插件、软件进行制作，如下图所示。当然制作的时候，植物之间还是要保持一些差异。

如上图（左）所示的这种树木，可以观察一下叶子生长的方向，并不是所有的叶子都是我们平时所见的那种形态，为了抓住这种形态特点，我们必须要找到相似的植物，这样表现出来的效果才够逼真。植物种类不同，叶片的反射、光感，以及透明度，都是不一样的，有的叶子大，有的叶子小，有一些叶子表面的反射比较强，而有一些则比较弱，这些特征都要抓住，在场景中笔者使用了10多种叶子贴图，可以丰富场景，增强表现效果，如下图所示。

石材部分，如下图所示，虽然看上去它只是一张普普通通的石材贴图，大家在制作时有可能会简单地贴一张石材贴图，但是笔者没有这样做，只是把它当做一张最基础的贴图。因为你要考虑到石头表面可能是有水的，会留有湿润的痕迹，这些痕迹也要表现出来，让它更加逼真，在冬季，这个打湿过的地方是否也会结冰，是否有一些反射，也都要考虑到。

笔者把这些看似细枝末节的内容组织在一起，也是想告诉大家，细节决定成败。有些作品总是无法让客户满意，大多数时候是因为缺少细节，如果细节的处理充分、得当，那么作品会表现得丰满而无懈可击，会非常耐看。此外，通过对这些细节的表达，能锻炼我们的观察、处理能力，以及对作品的把握能力。

材质的分析大致就是这些内容，读者可以根据上面提到的一些要点，去搜集一些高质量的材质，尽量不要使用低精度的材质。低精度的材质，虽然看起来与高精度的没有太大区别，但是在渲染大图的时候，叶片上那种很细小的纹理在低精度贴图上是表现不出来的，如下图所示。

⊙ 1.7 镜头分析

我们在创建作品的时候，镜头设置是非常重要的环节（镜头通常指摄影机角度），流水别墅的镜头信息如下图所示。

上面这些图片是从各种角度来拍摄的，有的镜头表现得非常酷，有的则显得比较端正，还有的表现得非常清新。无论是拍摄照片还是手绘场景，作者在选择角度时会从自身的情感出发，而每个人的情感是不同的，有的人可能会选择仰视的角度去表达这个建筑的"酷"，而有的人会使用平视的角度来表达建筑与环境之间的氛围。其实这就要看作者想表达什么，他的构图、镜头的定位决定着作品最终的效果，带给人的感觉也是完全不同的。上面的图片包含了6个镜头，每一个镜头的感觉都不同，在选择摄影角度之前，一定要考虑清楚想表达什么，这也是本节要讲的内容。

为什么不把本节内容安排到最前面呢？因为在确定镜头之前，要完成的工作非常多，而且计划要非常周密，一定要考虑清楚，比如我们之前所分析的场景、环境、光源、阴影、材质等内容，都是为了本节设定镜头而准备的，如下图所示。如果你想表现的内容、体现的细节，偏离了摄影机的角度，那么注定是一个失败的作品，所以在这里笔者再次强调，镜头设置是非常重要的，不同的视角会产生不同的感觉，不同的感觉会带来不同的视觉差异。

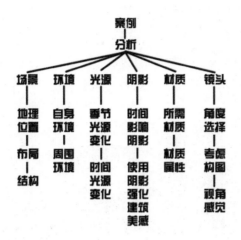

镜头的分析就讲到这里。

1.8 感觉定位

感觉是一个很抽象的概念，却真实存在，而且每个人都会有，不同的人面对同一幅作品，产生的感觉也会不一样。那么一幅作品如何让它有感觉，这种感觉到底是什么，该如何去把握它，实现起来是很困难的，包括很多艺术大师、艺术家，在没有感觉的情况下，他们是不会去创作作品的，因此，感觉可以理解为一种灵感，它一触即发，有时候突然来了灵感，就会创作出优秀的作品，有时候却迟迟没有灵感，也就没有创作作品的热情。这都有可能，所以我们在做一幅作品或者是商业效果图的时候，应该做一番思考和分析，找对感觉。

首先看下图所示的这张照片，这仅仅是一张照片，可能不会带给我们什么感觉，但是里面包含了很多元素和信息，为了解释得更清楚，笔者找了其他的图片来说明。

如下图所示，这是一个杂志的封面，其实就是通过艺术的手法把它艺术化了，那么它与上面的照片有什么区别呢？它同样也是照片，但是它在颜色的处理上更协调，红、黄、绿、流水等元素在山涧的点缀，让笔者看到图片就好像听见了流水的声音，有一种身临其境的感觉。

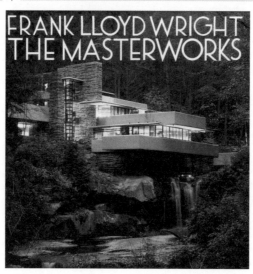

我们还是分为 8 个时间段，即春、夏、秋、冬、清晨、正午、黄昏和夜景，逐一分析。

如下图所示，我们将这张图片呈现的场景作为早春清晨的时间段，但是这些植物明显不是春天的，植物很茂盛，应该是夏季。而笔者想要这种雾气弥漫的感觉，还有打在地面上的光影；此外，光影与暗面的处理、远处场景的处理，以及这种嫩绿色的感觉也是笔者想要的，所以可以借鉴这张图上的元素，把它用到我们的作品上。

如下图所示，这是夏季，我们看到植物的颜色并不是很绿，甚至有一些发黑、发灰，但是它的雾气和流水的感觉非常好，所以这一张图片中的元素可以用到清晨效果的表现中，也可以用到表现夏季的作品中。

　　如下图所示，这也是一个清晨的场景效果，它带给我们感觉的元素不是植物，也不是光线，而是它的深度，在远端已经看不到任何的植物了，这种感觉非常好。

　　如下图所示，虽然是清晨时段，一方面在最亮的部分会带来偏冷的雾气效果；另一方面在离我们很近的叶子表面，它的反射非常强烈，还有露水在上面，有一种很湿润的感觉，这些元素完全可以用在夏季的表现上。

　　如下图（左）所示，这是一幅很好的摄影作品，也用在了杂志的封面上，虽然在这张图片中没有很浓的雾气，也没有很强的景深感，但是它通过前面很暗的场景来压低周围的颜色，然后把中心的建筑表现得非常亮，对比很明显。我们看到，场景中有阴影，也有倾斜度，之前也分析了阴影，告诉大家如何辨别太阳的高度，在这里从阴影的倾斜度上看，给笔者的感觉应该是夏季的正午，而且是炎热的夏季，但是在别墅下面，因为有流水，场景中又透出几分清凉，这就是笔者想要表达的感觉。

　　秋季是夏季和冬季之间的过渡性季节，天气由热变冷，空气由湿润变干燥，在秋季最美的体现就是红色的枫叶及黄昏时的火烧云，这些给我们留下了非常深刻的印象，也是笔者想要在本书案例中表达的，把它的美体现出来，如下图（右）所示。

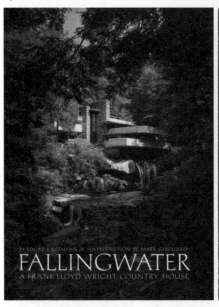

再来看一下冬季，如下图所示，在冬季严寒的气候条件下，水已经凝结成冰，树上还有一些树挂，地面上有积雪，这是冬季最明显的特征。笔者在表现冬季时选择的是夜景，所以雪不会有这么白，应该是一种青色，会体现出非常寒冷的感觉，由于是夜景，室内的灯光肯定要亮起来，我们选择的是暖光源进行照明，室内的光线以暖色调为主，给我们的感觉是虽然外面寒冷，但别墅内还是非常温暖的。

通过这8个时间段的分析，想必读者们会有一点感觉了，现在总结一下，其实找感觉就是要善于抓住画面的表现元素，为我所用，再发挥自己的创意。比如别墅在夏季的图片，除了植物非常茂盛，你还要抓住其他特征，正午的时候阳光非常强烈，阳光照射到的地方与阴影形成鲜明的对比，如果抓住这些特点，你的作品就已经完成了80%，剩下的20%可以自由发挥一下，比如在夏季什么时间能够产生更好的视觉效果，这是一个度的问题，完全靠自己。秋天的表现也是如此，具体哪一个时间段会给我们留下非常美的一面，这需要我们平时多观察，关于感觉定位的内容就讲到这里。

⊙ **1.9** 思路整理

　　在之前的小节中我们对各种表现元素进行了分析，包括环境、光源、阴影等，在创作每一幅作品之前需要做好这些工作，详细了解场景才能制作出满意的作品，但是很多人没有这个意识，所以在做作品时没有一个完整的思路和规划，这是一个很不好的习惯。

　　这一点与我们的感觉也有直接关系，感觉是一瞬间的，要把握住不是一件容易的事，单从理论方面来讲，之前所做的这些工作仅仅属于准备阶段，掌握这些还远远不够，还需要大量的实践。比如"流水别墅"这个场景，我们知道它有植物、建筑、流水、石材，但是如何把它表现得更加逼真，这是最重要的问题，也是当前要解决的问题。

　　这又涉及了技术方面，虽然这个场景看起来比较小，但是它有太多的植物和零散的元素，在制作这个场景时会耗费大量的时间，一定要使自己的头脑保持清晰，先做什么，后做什么，都要一步一步进行。很多人在制作时，比如做模型，先做某一部分，没等做完又去做另一部分，来来回回浪费了很多时间，在渲染时才发现有些地方还没有完成，又回头补做模型。这种做法不应提倡，因为工作是分环节的，在每一个环节中应尽量保证它是一个完美的作品，这样做才有意义，工作质量也有保障，完成模型的制作之后，如果你的贴图技艺很精湛，材质调得很好，同样也会为你的作品加分。

　　对于很多读者来说，渲染是一个很头疼的问题，笔者以前在火星论坛上发过一个帖子，也是想提醒他们不妨试试在模型或是材质方面寻找原因。

　　帖子的名称为"原来 3ds Max 是这样容易学习"，笔者将它安排在本书中，没有看过的读者可以参考学习一下，如下图所示。

　　这里要介绍的内容并不是针对某一项技术，而是通过笔者创建的一个案例告诉大家学习 3ds Max 有多么容易，有些人会问"我学习 3ds Max 也有一段时间了，并不像别人说的那么容易，反而对我来说每一步都是一个'坎'，进步很艰难"，也有人会说"3ds Max 入门本身就比 Maya 简单，所以 3ds Max 好学"。

每个人的情况不一样，这里就不解释了，无论难学还是好学，在这里并不重要，笔者一直提倡的是，软件本身只是一个工具，下面举个例子来说明这个工具的使用。

下图（左）所示的是我们在绘画时常用的工具——画笔，学习过美术的人都知道画笔分为大小号，当我们大面积上色的时候会选择大号笔，在刻画细节时会使用小号笔，其实这些都是工具。

下图（右）所示为各种软件，有三维软件，也有二维软件，这也是提供给我们的工具，如果能熟练掌握它们，会使我们的创作畅通无阻，大家都应该明白软件只是工具，在学习时不要将软件操作技术放在第一位，更多的时候还需要我们提高艺术修养。

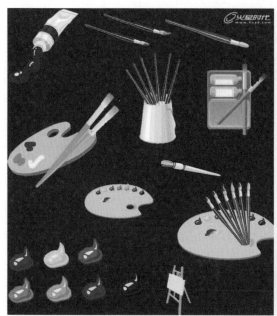

当然，很多人的问题都出现在这里，从拿画笔到拿鼠标需要一个转变的过程，以笔者的经历为例，起初拿鼠标真的很不习惯，经过两个月时间的磨合，才逐渐适应，在这个阶段特别能理解大家的心情，真的是对艺术有了感情，不忍心放下笔而拿起鼠标，除非你对电脑动画更热爱。

那么经历了这个阶段，相信大家一定全身心投入到了电脑软件的世界里了，可是软件工具远远多于画笔，如果这个时候不整理一下自己的思路，是很容易走弯路的，就会出现"把某一个命令拿出来单独学习，不考虑工具与工具之间的搭配使用，心情也极其浮躁，急于求成"的状况，这是一种恶性循环，自己察觉不到，但笔者在这里给大家提个醒，请回想一下在初学时真的都学会了吗？

如果学会了，为什么到现在还要看一些基础的知识呢（初学时没有遇到，就认为这些知识是高深的）？大家自己心里也会明白，我们迟迟不能进步，其实缺的不是技术而是基础知识，盲目学习、急于求成是阻碍大家进步的根本原因。

及时补充知识才是硬道理，笔者也见过许多技术很全面的高手，但创建的作品却不尽如人意，所以还要注意实用性，下面的例子就能说明这个问题。

比如我们创建一个立方体，在绘画时可以按自己的喜好来选择起笔位置，在软件中也同样有不同的创建方式，下图（左）所示为直接创建立方体，下图（右）所示为画线挤出立方体。

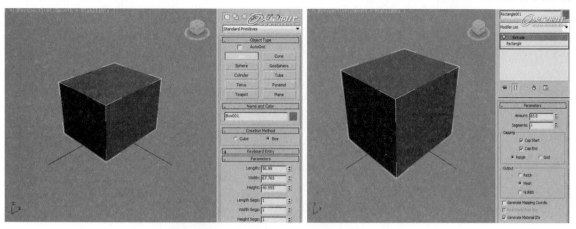

如下图所示，在平面上挤出立方体。

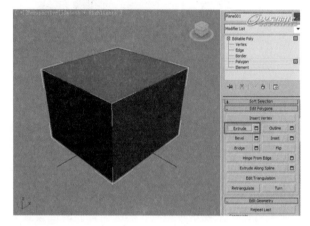

在这个小例子中笔者要讲的是实用性，例子虽小，但反映的情况很普遍，同样的结果，不同的制作过程，有人会选择一个较为复杂的方式，从心理上分析这属于炫技，认为这样能体现自己高超的技术，殊不知在实际工作中这样的工作方式会大大增加工作量。比如这个小例子，直接创建立方体用时1秒钟，而且单击两次鼠标就可以，而画线挤出立方体需要单击4次鼠标，用时4秒钟，如果是复杂的场景，超大的工作量，那么需要花费的时间将是巨大的。

大家不要误以为软件技术就不重要，在这里，只是提醒读者别盲目追求软件技术。如果大家已经通过基础阶段，那么接下来就要进入提升阶段了，此时需要有清晰的思路，知道自己要学什么，要有目标，有计划。

在这个阶段大家常犯的错误就是"乱学"，异模、材质、渲染、后期等，只要涉及的内容，都想学，笔者理解大家的心情，但这样做不利于自己进一步提高。基础不打牢，后面的学习之路会很吃力，大家切记。

通过不懈的努力，几年后大家的技术水平有了明显的提高，收入也增加了，也换过不少公司，曾经浮躁的心态也没了，开始全方位考虑事情了，自学也有目标，按计划进行，这些可能就是所谓"高手"的表现，是值得学习和发扬的，无论处在哪个阶段，一定要保持一个谦虚、谨慎的态度，多学多问才能不断进步。

再看下面这张图，左侧的图展示了素描的步骤，右侧的图是笔者2006年在火星论坛上发过的一个教程，对比这两侧的图，不难发现，从大体的定位、细化模型、简单的灯光渲染、最终出图，步骤都是一样的。凡事都有它的规律，当我们遇到简单或繁琐的工作时，这些规律就起到关键性作用了，可以让我们以清醒的头脑来面对问题。

有的读者会问，如何平衡质量和时间的关系，这确实是值得关注的事情，高质量的作品必然会增加我们的工作时间，想要快速制作出高质量的作品，还是那句话，要不断补充美术知识，多观察，多体会，这样工作会事半功倍。如果觉得美术知识不重要，那么通过长时间摸索来换取经验也是可行的，但需要多长时间，会得到多少经验，这也要看一个人的悟性。

再看一下工作流程，大家都知道建模、材质、灯光渲染、后期，看起来很简单，可是做起来会有难度，但无论如何，一定要坚持按规范的流程来做，这是很有好处的，自己可以检验一下思路是否清晰，下图所示的是一张工作流程图。

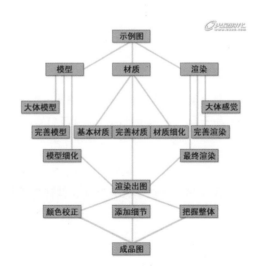

　　这个流程在笔者编著过的书里面也提到过，很重要。在学习 3ds Max 时，大家都知道先建模，再贴材质，再渲染，最后做后期处理，这是最基本的流程。很多人把这个流程一直当做必胜法宝，但这一切都不是绝对的，作为初学者，在刚开始学习的时候，可以按照这个流程打好基础，等到经验丰富了，技术提高了，可以自己总结出更好的方法。

　　下面再讲一讲大家都非常关心的问题——为什么渲染不真实？前面讲过，每个人的感觉不同，做出的效果也不同，这是一个原因；其次，大家有没有想过在其他方面找找原因，如模型、材质、后期？

　　渲染不真实，其他的工作做得再好也没有意义，随便创建一个 BOX（立方体），用 VRay 渲染一下就很真实，可到了真实场景就不行了。这里有一个道理要告诉大家，立方体看起来很真实，那是因为起初给我们的印象它就是这样的，在做真实场景时肯定不像立方体这样简单，比如一张桌子，它也像立方体一样有棱有角，做出来同样显得不真实。这个时候大家要观察细节了，就像前面讲过的流程图里的模型第 3 个阶段——模型细化，用语言来表达很难给大家一个直观的解释，下面简单做一个模型来说明，如下图所示。

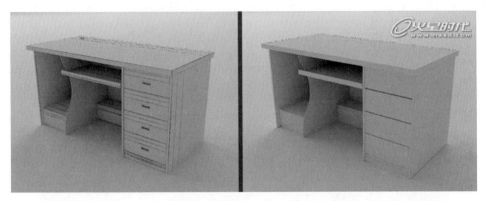

　　从图片上看，结果说明了一切，左图的模型细节很丰富，而右图中的模型就像是刚用木板拼接成的。在第 1 阶段，左图的模型，其精细程度明显好于右图的模型，也能体现出模型的体量关系，这在其他环节是无法做到的。接下来再看看材质对渲染都有哪些影响，还是这张桌子，同样的一张贴图，如下图（右）所示，设置了简单的 UV；如下图（左）所示，对每一个物体都重新设置了 UV，其他参数全都是一样的。渲染后，明显可以看出左图更加逼真。

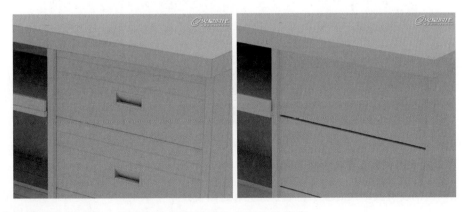

　　赋予真实的纹理贴图后，左图中的模型仍然比右图中的真实。

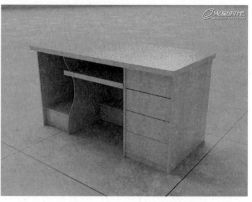

再看一下灯光渲染，如下图所示。

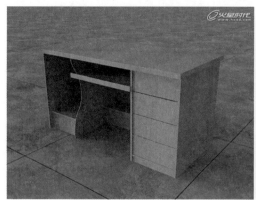

很多读者都喜欢看参数，笔者也提供一张参数图，如下图所示。

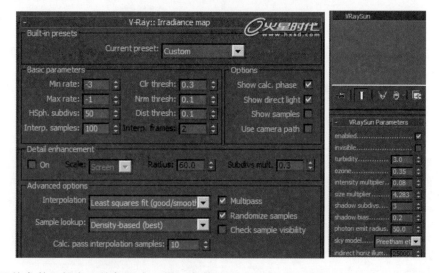

　　笔者设置的参数和很多人的都不太一样，参数值不是很高，相反很小，曾经也有人问，这么小的参数值能让场景亮起来吗？对渲染有什么影响吗？

　　答：这么问的朋友有些不太专业了，场景过亮和过暗都是不可取的，对于笔者来讲，只要是方便后期调节的就是最好的。

目前市场上、论坛里的 VRay 教程很多，笔者也看过一些，发现参数值都调得很大，使很多机器配置比较低的读者难以承受，渲染速度非常慢，笔者也非常奇怪，为什么参数值会给那么高。如果推理计算，起始参数值很高，那么其他的值也会跟着提高，参数值高也许会为场景带来更精细的计算，使效果图更加细腻，但 7、8 个小时的耗时实在是太长了，所以很多人都在问，如何在短时间内制作出高质量的作品？很简单，就像前面讲的例子，要达到一个目的，其实方法很多，高参数值不一定真的会带来预期效果。

大家在工作中常常会对作品进行后期处理，其结果必然不同了，因为在前期工作中已经对物体进行了不同的制作，前期的工作做到位，后期处理就简单有效。如下图所示，笔者对桌子的场景做了简单的后期处理，就可以达到很好的效果。

最后，笔者还是真心希望读者朋友们能找到真正阻碍自己进步的原因，及时补充知识，踏踏实实走好每一步，过程虽然艰辛，但收获一定是巨大的。同时希望读者通过笔者的教程，对三维表现有了新的认识和更深的理解。感谢阅读！

配景的制作是本书的重点，"流水别墅"场景中的配景很丰富，有石头、树木、矮小的植物、草地和流水，在制作这些物体时，用到了3ds Max、VRay、RealFlow等多个软件工具，读者要学会灵活掌握，此外，还介绍了植物动画的制作。

➔ 2.1 制作石头的基本形体

本书不是以模型的制作为主,主要讲解如何制作和渲染动画,考虑到有很多读者在实际的项目中会遇到各式各样的问题,比如植物类、石头类的模型,这些大家平时很少专门制作,大多是直接调用素材;但是素材是有限的,如果遇到一些客户指定的样式,而我们又无法找到同样的素材,这个时候就需要单独制作。本章将介绍动态的树、石材,以及流水模型是如何制作的,这些模型在制作园林景观时会非常有用,也可以用在建筑动画、效果图等项目中。

在我们的模型中,流水别墅场景借用了 EA 的素材,流水别墅及其他的配景都是笔者自己重新制作的,如下图所示。

 提示 EA的全称为Evermotion,是国外一个专门制作Max模型的公司,模型质量很高。

建筑模型的制作比较简单,但是周围的配景在我们的工作中并不常用,一旦遇到这些问题,该如何去解决,这是本书的重点,其次渲染也是本书的重点,希望大家能全面掌握这些内容。

接下来让我们从配景的制作开始。

首先来看一下上图所示的这张照片中,石头模型是如何制作的。下面用一个简单的例子来说明,介绍一下它的制作流程。

01 启用3ds Max软件,创建一个长方体,如下图所示。

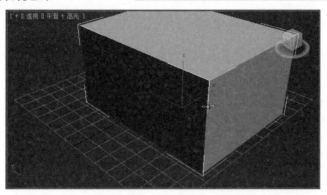

02 用这个长方体先制作出一个大体的轮廓。可以随意编辑它，首先将长方体转换为可编辑的多边形，如下图（左）所示；然后在上面增加一些段数，如下图（右）所示。

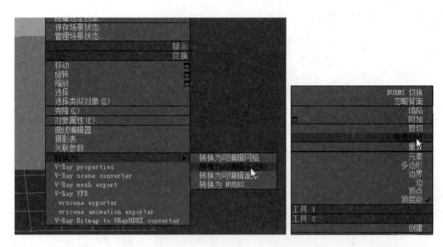

03 对它的点进行编辑，可以随意一些，如下图（左）所示。在这种状态下制作细节显然是不够的，因为没有太多的面数可支持，我们需要对长方体进行平滑，现在添加一个"涡轮平滑"修改器，如下图（右）所示。

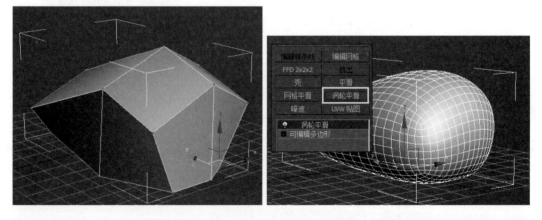

04 现在得到了一个很圆滑的效果，但这不是我们最终想要的，还需要添加一些噪波。调整它的强度值，设置合适的种子数，一定要勾选"分形"选项，这样就可以让长方体变得凹凸不平，如下图（左）所示；再增加一些强度，然后调节粗糙度，如下图（右）所示。

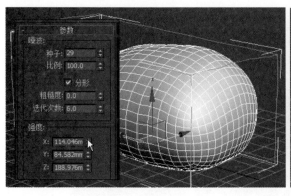 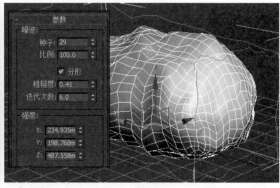

05 如果觉得现在的形体已经偏离了我们想要的形状，则可以回到可编辑多边形层级下，选择所有的边，单击"切角"按钮，如下图所示，增加一些段数，然后返回到"噪波"层级，这时可以稍微降低它的强度值。

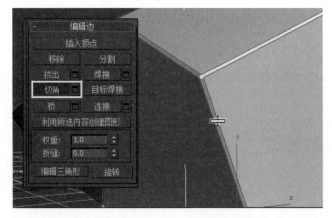

其实这就是一种方法，我们还需要在贴图上对它进行细致的调节，比如可以加入置换等命令，来体现它的细节，如下图所示。

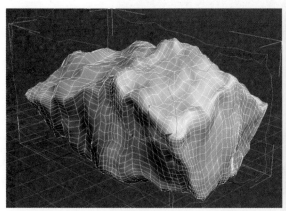 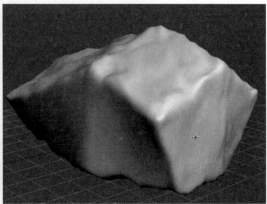

以上就是制作石头模型的思路。这只是一个小的石头模型，我们看到照片上是一个整体的石材，形体很大，如下图所示，下面介绍它的制作技巧。

重置场景。首先打开图片来观察一下石材的形体，如下图所示，有的部分已经被树和流水遮挡住了，还可以看到，建筑下方的石材凹凸不平，结构很不规则，这个该如何去体现呢？在本节首先制作石材大概的形体。

01 笔者在制作石材的时候使用的是平面，这里也用这种方式。在场景中随意创建一个平面，然后取消它的段数，如下图所示。

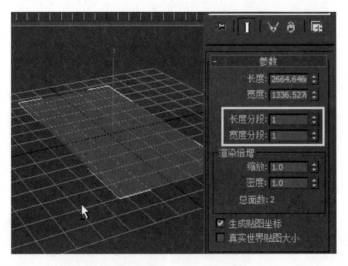

在之前讲过，建筑是在 EA 素材中调用过来的，所以在制作石材的时候先打开建筑模型，在这个场景下制作石材，会涉及比例的问题，但是在这里笔者只介绍石材是如何制作的，我们就不在原场景中制作了。

02 将平面物体转换为可编辑的多边形，通过多边形对它进行编辑，如下图所示。

首先我们要想一下，在这个建筑的下方，石材的方向是什么样的，可以清晰地看到，石材从左到右有一个弯曲度。如下图所示，在顶视图中，假设这个紫色的平面就是建筑，石材在这里会有一个弯曲度（红色线），也就是这么一个走向。

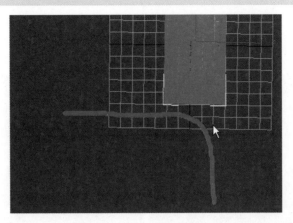

好，了解了这些信息，再看一下它的厚度，虽然石材前面很厚，但其侧面却比较薄，后面其实和前面是一样的，在有流水的地方凹陷下去了，如下图（左）所示，可能是因为常年受雨水冲刷形成的这种效果，了解这些以后先制作它大概的形体。

03 进入边选择模式，让它短一些，这样好为它分配合理的段数，然后对边进行复制，打开边界显示，如下图（右）所示。

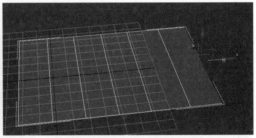

04 可以多复制一些边，将弯曲度制作出来。在制作这种不规则的模型时不必考虑线条是否规则，我们要的是形体，现在大概的形体有了，再把左侧的边扩展一下，如下图（左）所示。选择这些边，向下复制，现在得到的是它的厚度，要观察它的厚度是多少，如下图（右）所示，这里是最厚的。

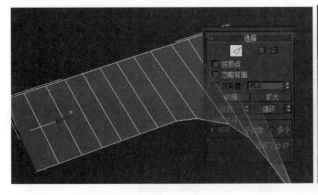
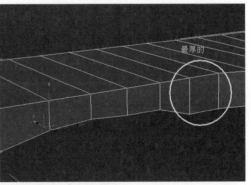

很多人在做商业效果图时，习惯将每一个地方对得很齐，其实在做这种复杂形体的时候，尤其是这种不规则的形体，就要反其道而行之，让它不对齐，呈现出一种很自然的效果。我们让它有一些起伏，在这个形体中再稍微扩展一下，因为考虑到石材右半部分上面有植物和建筑，如果不做处理，那么在渲染的时候可能就会漏光。

05 在石材后面可以制作一些凹凸不平的起伏效果，起伏的大小可以随意一些，将来要加入"涡轮平滑"修改器，平滑之后有些地方就不会尖锐了，目前只是制作它大概的形体，如下图所示。

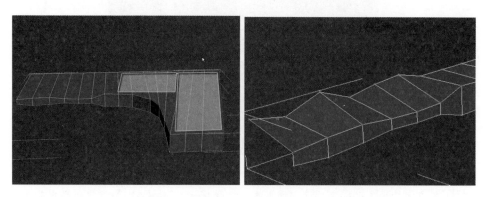

石材大概的形体完成了，但是还不能完全脱离流水别墅的图片，还要仔细对比一下，比如具体哪一块是凹下去的，哪一块是凸起来的，从基本形体上就要把握住，如下图（左）所示。

06 流水部分暂时可以忽略，不用在意太多的细节，但是在流水别墅建筑的下方，也就是画面的中心，这一块石材会很突出，要着重处理好这个地方，然后对现在的模型做大体的调节，如下图（右）所示。

07 再次检查模型，发现竖直方向的面缺少一些段数，这可能会导致细节不够，我们在中间加一条线，通过这条线对它进行简单的编辑，可以拉出来一些，如下图所示。

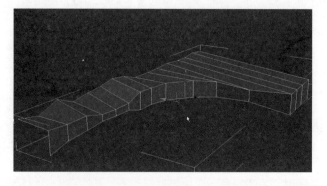

08 可以利用上面加的这条线让这里形成一个坡度，笔者发现这里还缺少一条线，可以通过快速切片命令，快速加入一条线，让这个点高起来，而让中间的弧度部分凹下去，如下图所示。

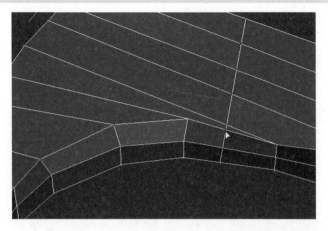

好，这个形体已经完成得差不多了，检查一下模型，因为它是通过面片编辑的，所以下方是空的，没有面数，如下图所示。

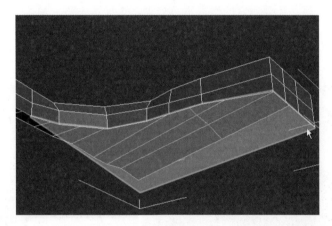

有些人喜欢使用盒子（Box）来编辑多边形，其实也可以，使用盒子的时候，四周都是封闭的，也就是说每一个面都是实心的，所以在下方也会产生面数。笔者是使用面片编辑的，这在控制面数时非常有好处，因为在别墅场景中植物非常多，植物包含的面数也非常多，如果电脑配置低，那么运行起来会非常慢。现在我们制作的石材形体，不会对场景造成影响，但是在制作细节的时候，尤其是用模型来体现非常小的凹凸感时，浪费的面数就会非常多，所以在表现这些细节的时候，应尽量减少它的面数，从最基础的工作开始，就要控制好它的面数。大家可以看到，笔者在制作石材时用尽量少的面数来做出它的形体。

⊙ 2.2 制作凹凸纹理

上一节已经制作完成了石材的大概形体，它基本上已经满足了我们的要求，本节来制作它的凹凸纹理，也就是更细致的工作。

01 在制作凹凸纹理之前，模型需要有足够的段数，但是现在这个物体的段数明显不够，无法表现出细致的纹理，我们单击"涡轮平滑"按钮，此时的模型比原来更光滑了，但是缺少石材的那种棱角分明的感觉，暂时不处理，先为它加入更多的段数，将迭代次数设置为3，如下图（左）所示。

02 笔者认为边缘这个位置不需要圆滑，可以将这里的面删除，如下图（右）所示。

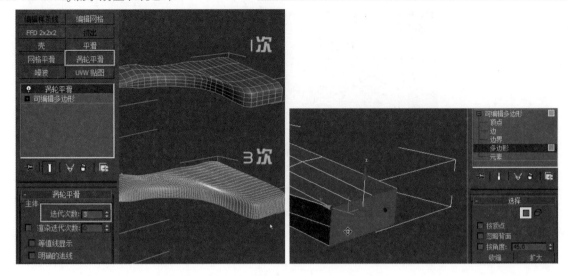

03 它的棱角不够分明，还要对它的边界进行处理，选择这条边，加入切角，隐藏网格后显示一下，如下图（左）所示。在模型上最好不要出现很尖锐的部分，可以调一下这个点，向后拉一下，如下图（右）所示。

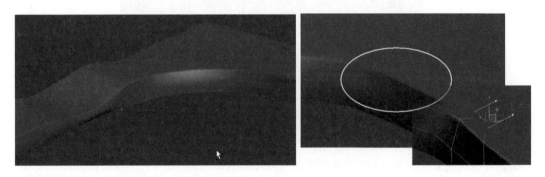

04 通过平滑处理之后再对比一下图片，会发现更多问题，如下图所示，在这里，石材是凹凸不平的，但是平滑之后的效果与实际的效果相差很大，所以还要在平滑之后的模型上进行细致处理，不能直接制作它的凹凸纹理。

05 可以在"可编辑多边形"层级下再编辑一下物体，让这里更突出一些，再加入一个切片，让它凹下去，制作出一个凹凸效果，如下图所示。

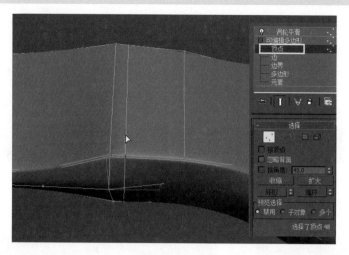

06 在另一侧也可以加入一个切片，如下图所示，调节一下点的位置，形成一个凹陷的感觉，流水将来会在这里经过。现在的石材基本上满足了笔者的要求，然后为它加入凹凸纹理，这也是本节要讲的重点知识。

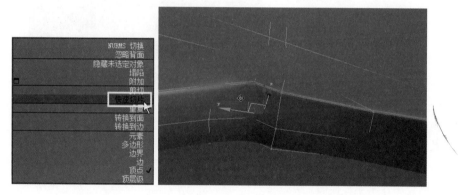

在上一节已经对制作石材的基本流程做了简单的介绍，接下来对噪波参数进行设置。

01 首先调整强度，让强度值大一些，现在看起来没有任何效果，如下图（左）所示。可以再调节一下种子，种子的数值可以随意设置，只要不是0就可以了，如下图（右）所示。

02 勾选"分形"选项，石材模型的变化就很明显了，如下图（左）所示。再调节一下粗糙度，现在效果又有了明显的变化，这种感觉更接近石材了，如下图（右）所示。

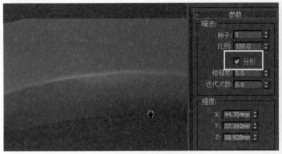 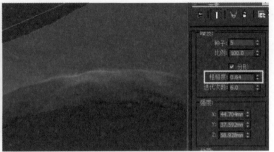

03 再对比一下图片，如下图所示，虽然模型更接近石材，但还不够真实，照片中石材的棱角很分明，石材模型却很平滑，还需要增加一些细节，本节做到这个程度就可以了。

有一些操作需要大家注意，笔者再说明一下，正如笔者上一节讲解的那样，在制作基本形体的时候尽量要保证模型的形体和照片中的效果是一样的，只有越接近照片中的物体，在后续工作中才能少走弯路，提高效率。但是在本节刚开始的时候，在加入平滑命令之后，发现有些地方与我们想要的效果还是有偏差，这说明在制作基本形体时，有些地方把握得还不够，在堆栈器里，如下图所示，虽然可以加入许多命令去实现不同的效果，但是有些人习惯于每做一步就把它塌陷为可编辑的多边形或网格物体，使这里始终显示一个命令。

其实这样做对于我们返回前一命令进行调整是没有好处的，就像现在所举的这个例子，如果一旦发现某些方面还达不到要求，而且添加平滑命令之后，在模型包含这么多面的情况下再去编辑就会很困难，如下图（左）所示。

比如现在关闭了"涡轮平滑"修改器（注意不是塌陷），堆栈器中只留下"可编辑多边形"，可以快速回到最初始的状态下，无论我们怎么编辑它的点、线、面，都是可以的，如下图（右）所示。

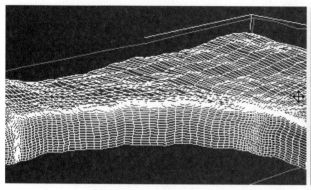 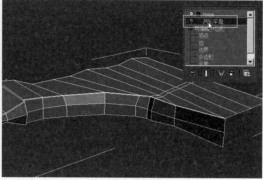

然后开启"涡轮平滑"修改器，再回到涡轮平滑状态下。希望读者保持一个良好的操作习惯。

⊙ 2.3 编辑石头的细节

从本节开始，我们要更深入地编辑石材的细节，在这个模型中，还有很多细节要处理，目前还没有达到要求，为了增加它的细节，可以在"涡轮平滑"修改器中再增加迭代次数，如下图所示。

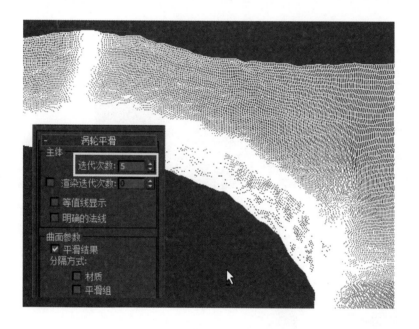

 提示 | 增加模型细节，不仅可以在创建和编辑物体时进行，也可以通过调节材质来完成。当然笔者讲的这种材质不是添加纹理、凹凸这么简单，而是使用真正的置换来表现出不规则的物体。

01 打开材质编辑器，这里使用的材质类型是VRayMtl，无论使用哪种材质类型，都可以在下面找到Maps展卷栏，可以在凹凸通道里加入噪波贴图，如下图（左）所示。

02 选择石材模型，在修改面板中找到"置换"（不要使用VRay置换），这个置换可以实现真实的凹凸效果，将利用它来制作我们的模型，如下图（右）所示。

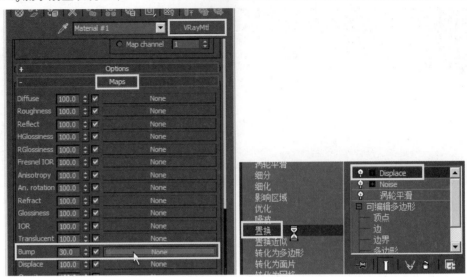

03 将凹凸贴图拖曳到"置换"修改器上，选择"实例"的复制方式，如下图（左）所示。随意设置一个强度值，如下图（右）所示，发现模型上没有变化，但是有一些起伏。

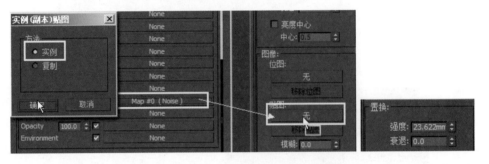

04 进入材质编辑器，在噪波参数中选择"分形"选项，高度值要低一些，低度值要高一些，总之要调整成黑白图的状态就可以了，不要太在意参数值具体是多少，如下图（左）所示。在调整贴图的同时模型上已经有了变化，关闭材质编辑器来观察一下模型，如下图（右）所示。

模型虽然有了更多的细节，但是这种凹凸纹理的感觉不像真实的石头，如下图（左）所示。这种凹

凸感太强了,要让它弱一些。看一下置换的参数,除了强度和衰减参数还有贴图之外,其他参数暂时没有可调的,回头来分析一下模型,将来石材的角度应该是下图(右)所示的状态。

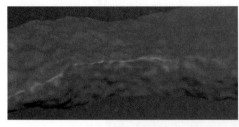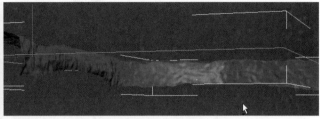

05 石材模型更多的细节体现在侧面,而现在置换的方向,也就是这个橘黄色的方框是朝上的。为了使侧面能够得到更多的细节,进入置换的子编辑层级,选择Gizmo,把方框旋转过来,如下图所示。

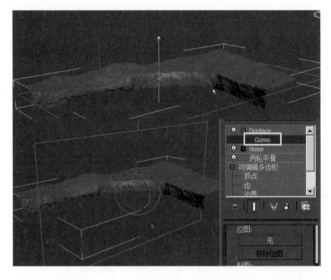

现在观察这个方框,内外是有变化的,这样就可以仔细调节这个侧面的细节了。

06 进入材质编辑器,现在来仔细调整噪波参数,主要是调节噪波的高低值,还有大小值,注意看模型,虽然在这里会产生比较锐利的边缘,但能很好地模拟真实石材的棱角,如下图所示。

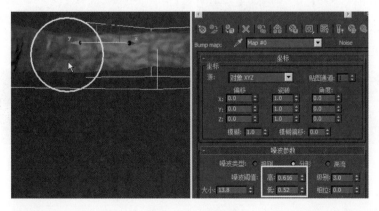

可以调节噪波贴图的偏移、重复次数、置换的强度等参数,在调节的同时观察物体,直到物体呈现出的最终效果是我们想要的。

除了做这些调整之外，还可以在堆栈器中返回到噪波的修改命令，调节各个值，石材模型的最终效果如下图所示。

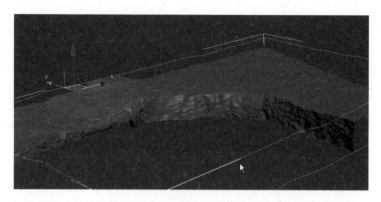

07 尽管模型的面数非常多，但有些细节还是达不到要求，可以在目前的状态下进一步编辑，比如我们再回到"可编辑多边形"层级下，对它的点进行移动，如下图所示。

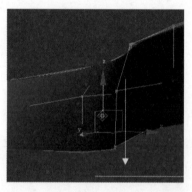

08 为了使石材的下面能呈现出真实的感觉，选择边，进行复制，如下图（左）所示。如果觉得形体还不够自然，不够真实，可以对物体再进行调节，如下图（右）所示。

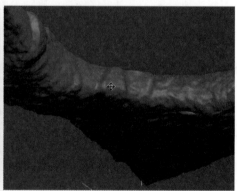

现在这里就有了比较自然的弧度，但棱角不够分明，不像是石头，包括上面也是，可以在边模式下进行编辑。

09 选择一条边，选择"环形"命令，选择到并列的边线，在线的中间再加一条线，现在模型上产生了一条非常尖锐的边，如下图（左）所示。

10 下面同时也是如此操作，选择这条边进行切角，数值尽量小一些，使效果更加逼真，如下图（右）所示。

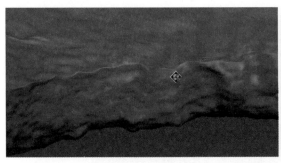 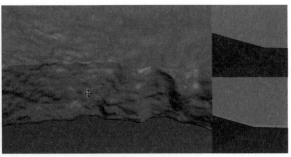

有些地方可以让它更高或更低一些，其实这就是在不断地调整模型。

11 目前这个程度，再加上贴图，通过渲染应该可以达到我们的要求了。最后有一种方法，就是在这些命令的基础之上，加入"编辑多边形"修改器（千万不要转化为可编辑多边形），在这个命令中我们将使用"绘制变形"命令来调节模型，如下图（左）所示。

12 石材有些地方平整，有些地方凹凸，都是不规则的，选择"推/拉"命令，将数值调小一些，可以用鼠标左键拖曳或单击，由于面数非常多，所以编辑起来非常慢，如下图（右）所示。

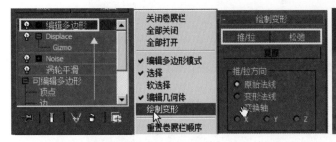 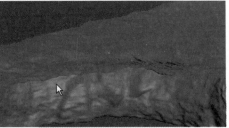

13 再使用"松弛"命令，将某些地方变得更平滑一些，如下图（左）所示。不能被修复的地方就使用"推/拉"命令处理，这次是向外突起，而不是向内凹陷，然后再使用"松弛"命令修复一下，如下图（右）所示。

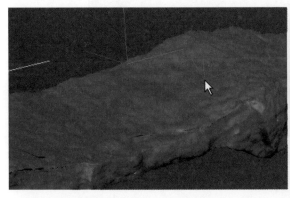 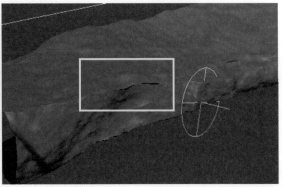

现在石材模型已经基本上满足要求了，在下一节中将为它赋予材质，介绍石头材质的制作方法。

⊙ 2.4 制作石头材质

由于之前对石材的模型做了非常细致的工作，那么在材质部分相对来说就会容易一些。虽然石材在模型上达到了一定的细节，但是赋予材质之后，由于石材的特殊属性，非常杂乱或者不规则，仅仅通过模型来表现是远远不够的，学习完下面所讲的内容，大家就会感受到这一点。

01 在这个场景中，除了石材的模型，笔者还简单地打了一盏灯光，这是一个VRay的太阳光，如下图所示。

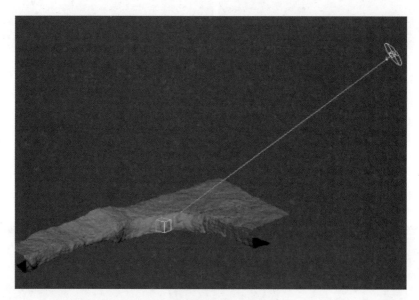

02 简单地对它的参数进行设置，如下图所示。

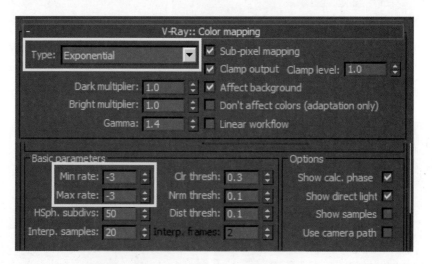

现在还没有必要渲染，因为还没有加入贴图，打开材质编辑器后，无论使用哪种材质类型都可以，都是非常简单的命令，只是为它加入材质纹理和凹凸纹理。

03 选择位图，加入它的纹理材质，在下方的凹凸通道中也加入它的凹凸贴图，那么材质就添加完了，其他的暂时忽略，如下图所示。

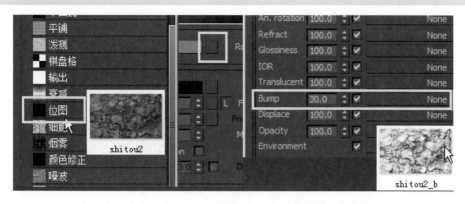

04 再为它加入置换，这次我们要使用VRay置换，选择2D贴图，直接把凹凸贴图拖曳到置换上，如下图所示。

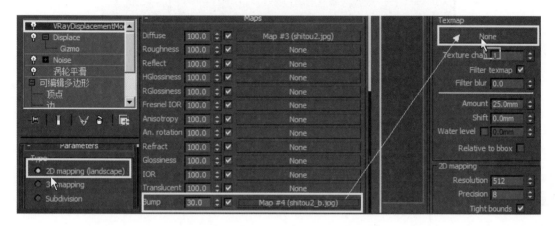

05 显示一下贴图，发现在编辑物体的时候，将它的UV破坏了，所以要加入UV，来调整它的长度和宽度。在调整UV时最重要的是观察视图中纹理的大小，不要太在意具体的参数值，石头上面的纹理基本上是正确的，但是侧面的纹理显然被扭曲了，如下图所示。我们的重点是要看到侧面而不是上面，所以在UV修改器中选择子编辑层级，将UV的方向旋转过来。

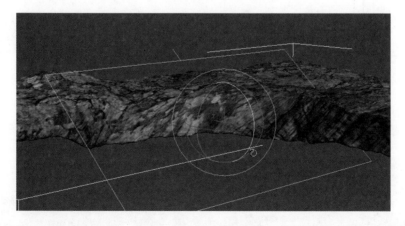

06 左侧的纹理已经显示正确了，但是右侧的还是不正确，再次旋转一下UV，使两侧都达到一个正确的状态，如下图所示。

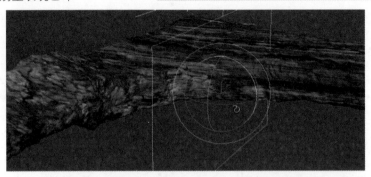

07 这样基本就差不多了，还可以对它的位置进行调整，如下图所示。

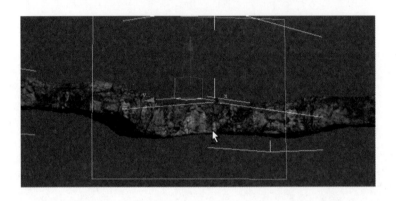

注意 由于添加了置换，渲染的速度会慢一些，同时大家也看到了这种细小的凹凸纹理很清晰，在制作模型时对它的凹凸进行细致处理，也是想通过凹凸的设置把石材表现得更逼真一些。

我们再来看一下不加 VRay 置换的效果，如下图所示。

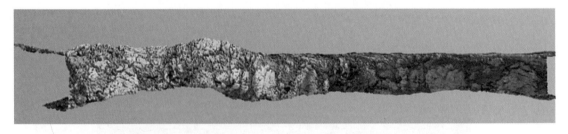

08 虽然渲染的速度非常快，但是感觉石材非常平，石材细小的纹理及凹凸感没有体现出来，所以为了追求真实感，还是要加入VRay置换，让石材表现出更加丰富的细节，如下图所示。

09 稍微把视图放大一些，然后再渲染一次，如下图所示。

10 放大之后发现了很多问题,比如它的置换有些大,凹凸感并不太真实,有点像海边的礁石。返回到"置换"修改器中,将Amount值调小一些,再来渲染,如下图所示。

这一次凹凸效果就会好很多,对于这个场景来说,图片不宜放得过大,大家可以看一下目前的贴图,尺寸就这么大,如下图所示。

如果贴图放得过大,就会出现细节不够的问题,如下图所示。在第 1 章进行材质分析的时候,笔者讲过,要选择一张精度高一些的贴图,这样渲染出来的效果更逼真,但是本书的场景没有选择特写镜头,在一定的距离下能表现出它的细节就足够了。

本节要讲解的内容就是这些,现在总结一下,从一开始制作石材的基本形体,到现在的材质制作部分,最主要的不是如何调节它的材质,而是通过这种材质的置换,为模型添加更多的细节,同时也表现

了比较逼真的效果，这就是制作石头材质的目的。有的读者会说，既然最终通过 VRay 置换来表现石材的凹凸效果，那为什么之前要做那些真实的凹凸呢？完全可以忽略中间的过程，直接在基本形体上添加凹凸置换就可以了。其实不是这样的，大家可以尝试一下，在基本形体上添加 VRay 置换，得到的效果和我们现在做出来的效果肯定是不一样的，为了体现真实感，在每一个环节，我们所做的工作越多越好，越详细越好，这样才能保证作品更优秀。并不是大家想象的那样，一个简单的模型贴上材质就能达到逼真的效果，就像笔者在第 1 章《原来 3ds Max 是这样容易学习》部分讲过的一样，一张桌子使用模型来体现细节，再加上材质，最终渲染出来的感觉与简模所体现出来的感觉是完全不一样的。

2.5 制作树木模型

本节讲解动态的植物、树木是如何制作的。在我们的工作中常常会表现很多植物，尤其是在动画中会用到非常多的植物模型进行渲染，目前我们通常会使用后期素材或者是网上下载的素材、购买的素材等，在"流水别墅"这个案例中有大片的植物摆动效果，需要用到不同种类的树木和小的植物，这么多的动态树木在网上是找不到的，需要自己制作。本书案例中的树木都是由笔者自己制作完成的，用到了 OnyxTREE 这款插件，这是大家已经很熟悉的树木制作软件，这款插件生成的树木完全是一个实体的模型。本节先对这款软件做一个大概的介绍，并不是细讲它的每一个功能，而是介绍一下制作动态树木的重要方法和整个工作的思路。

首先打开插件，最重要的部分就在它的右边，这款插件其实已经满足了我们制作树木的要求，利用这款插件可以对树木的树干、主枝、分枝、小枝进行调节。通过这 4 种枝干的调节就可以表现出一棵很完整的树木，还可以对树干的宽度、树干模型、分枝宽度，以及叶子的类型、密度、角度进行调节，如下图所示。

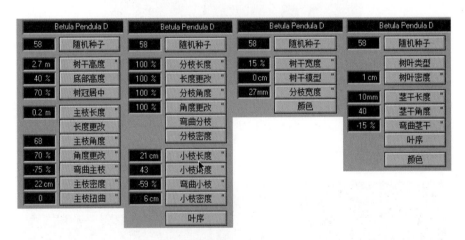

在制作树木的时候完全可以按照按钮排列的顺序进行编辑。在我们的作品中，大片的植物都是动态的，这些高大的植物做起来会非常消耗内存，机器的运行会慢一些。这里笔者想用一棵小的植物来举例，介绍 OnyxTREE 插件的使用。

01先勾选自动绘制、自动缩放和连续更新命令，这样在旋转视图或者在调节参数的时候它就会自动更新，如下图（左）所示。

02我们想制作一棵高度大概在1.2米左右的小植物，视窗中默认有一棵植物，它的高度是2.7米，选择它的高度，调节至1.2米左右，如下图（右）所示。

一定要注意小植物的特征，如下图所示，在这张图片中有几株矮小的植物，它的叶片和分枝都是从根部开始的，并不像树一样大概从 3/4 的地方才开始分枝。

03 在我们的视图中，即使是一棵小的植物，也要让它的底部高度从非常低的位置开始，这样看起来更茂密，如下图所示。

04 场景中的这棵植物既不像树也不像矮小的植物，因为从叶片和枝干的比例看，矮小的植物没有这么小，应该大一些，先把它的树叶大小改为"大"，如下图（左）所示，树叶密度也要大一些，如下图（右）所示。

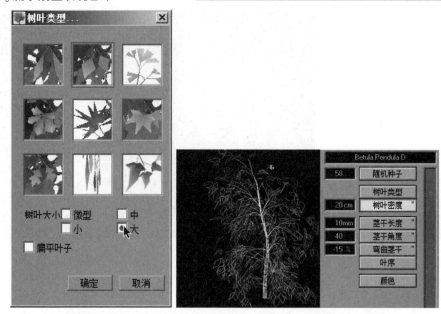

现在的叶子感觉还是多，而参数值已经设置到最高，不能再往上调节了，但是叶子多怎么办？我们知道叶子都是生长在枝干上的，枝干越多，叶子也就会越多，此时可以调节枝干的密度。

05 调节主枝的长度，如下图所示。

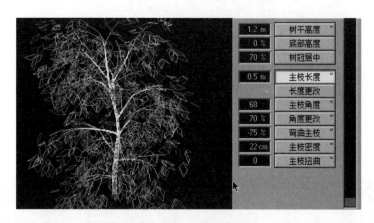

06 不想让主枝的角度向上，而是让它平一些，如下图所示。

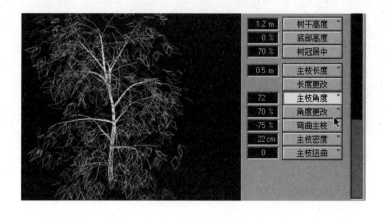

07 主枝的密度小一些，让它看起来更像是一棵矮小的植物，如下图（左）所示。如果觉得在这个非常简略的视图上观察不到效果，可以在这里显示出它最终的效果，如下图（右）所示。

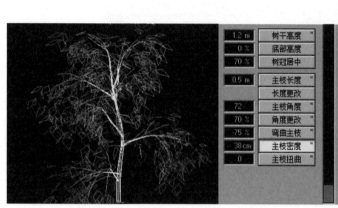

 提示 在编辑非常大的植物时，系统会运行得很慢。

目前这棵小植物的效果还是可以的，如下图（左）所示，大家有兴趣可以深入调节一下，毕竟也就这么几个参数，非常简单。

现在来谈一下制作这棵小植物的思路，可能对我们将来制作其他植物会有一些帮助。在制作植物的时候，最主要的就是主杆、主枝、分枝和树叶的调节，如下图（右）所示，调节好这几个参数，完全可以制作出高质量的树木模型。

首先要考虑的是植物的大小和种类，然后确定到底是一根主枝还是两根主枝，在确定主枝的高度和粗细之后再来选择它的分枝长度、分枝角度等，也就是我们在视频中一直在调节的这些内容；然后是叶片的类型，是大还是小，或者是它的密度是多少，以及叶子生长的角度；最后对树干宽度、模型进行调节。植物模型的制作方法就是这样，我们可以在这些参数中不断去调试，最后输出的时候直接保存就可以了。

⊙ **2.6 制作植物材质**

在我们的场景中有一架摄影机和一盏灯光，并且对它的 VRay 进行了简单的设置，如下图所示。

01 将之前的参考图片导入进来，作为背景使用，将植物放到这里一起渲染，在背景的烘托下，会让它看起来更加逼真。现在需要做的工作就是先把之前在树木风暴中制作的植物导入进来，它的导入方式与其他物体的导入不太一样，需要在创建面板中找到树木风暴，如下图（左）所示。单击Tree 按钮，以模型方式显示，如下图（右）所示。

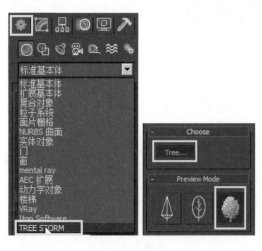

02 选择已经制作好的植物模型，在场景中随意单击一下，因为之前已经设置好了摄影机，所以现在摄影机的角度和场景是对好的，只需要把植物摆放在合适的位置上就可以了，先渲染一下，如下图（左）所示。现在植物没有任何的材质，只是一个模型，如下图（右）所示。

03 打开材质编辑器，用吸管工具吸取一下它的材质，如下图所示。

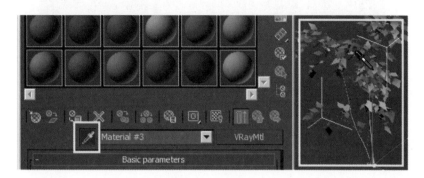

04 它是一个多维材质，总共有28个子材质，但是这28个子材质有很大一部分是没有材质的。在最后面的方块中，灰色表示没有材质，白色表示有材质，只需要在白色部分加上材质纹理就可以了，2号是主干材质，3号是主枝的材质，4号是分枝1的材质，5号是分枝2的材质，6号是分枝3的材质，如下图所示。

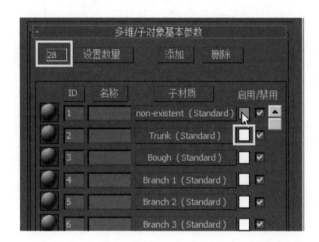

05 先为主干加入一个材质，默认已经有了一个材质，这个没有用，将它清除，加入自己的材质纹理，如下图所示。

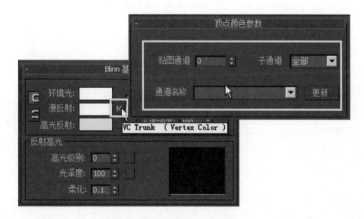

06 加入之后显示一下材质，在模型上材质的显示不正确，看不到纹理，如下图所示。

07 这需要对模型上的UV进行编辑，进入修改面板，笔者指的修改UV并不是像其他物体那样加入UVW贴图，而是它自身会有一个设置。单击Adjust，如果想对树木风暴的物体进行UV编辑，就要在这里勾选UV选项，笔者一般都勾选上，因为这里的选项大部分都会涉及，如下图所示。

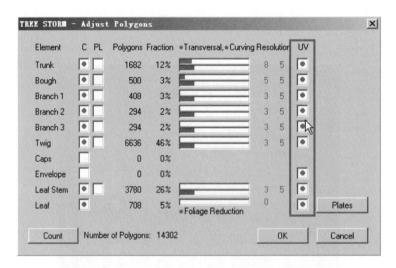

08 在叶子的最后面有一个选项，Plates，默认它的段数为0，我们都知道一棵树它会有几十万个面，在整个场景中，如果植物很多，则会有上千万个面。为了节省面数，Resolution数值一般给到1，但是在现在这个小场景中可以将这个值设置得大一些，让叶片的细节更多，右边的Number of p-groups是将来可以在叶片上显示自己贴图的命令，这个先不调，如下图所示。

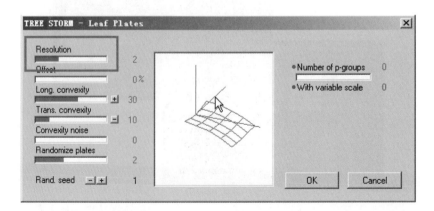

09 现在就可以随意找一个子材质进行贴图，以叶子为例，加入一张叶片的贴图，如下图所示。

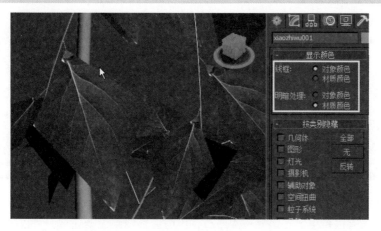

10 我们的叶子是一个桃形的形状，而在模型上却是一个菱形，它不能很好地支持这张贴图，也就是刚才所讲的Number of p-groups参数，在这里要调节的原因，设置为1就可以了，如下图所示。

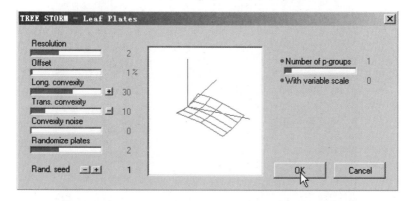

11 现在看到贴图已经变成方片，但同时也丢失了叶片贴图，如下图（左）所示。返回到材质编辑器，ID18是刚才加入的叶片贴图，在这里无论是重新加入贴图还是如何显示都没有用，因为它的材质ID号已经改为19，需要将叶子贴图加入到ID19通道上，再重新显示一次，如下图（右）所示。

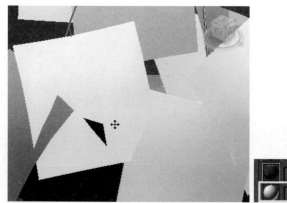

12 在物体上除了叶子，其他地方应该是不显示出来的，所以要在不透明度中加入一张黑白图，同时在它的高光反射中也加入一张黑白贴图，如下图（左）所示。每一个物体都有一定的高光，叶子更不例外，在这里调节一下高光，先大概设置一个参数值，如下图（右）所示。

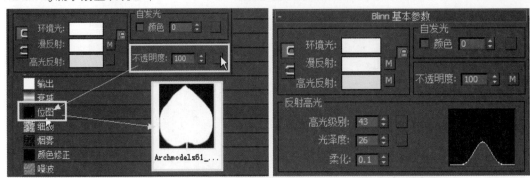

13 为其他子材质也添加纹理，正常情况下树枝是凹凸不平的，可以显示出丰富的细节，但是笔者建议，场景中如果有很多植物，最好不加凹凸，因为会影响到渲染速度，可以稍微设置一些高光，也不要太高。其他的子材质、主枝、分枝等，完全可以用这张贴图进行复制，如下图所示。

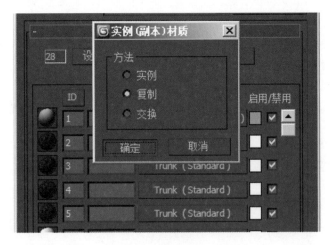

14 下面看一下树枝的贴图显示，虽然已经将物体的UV勾选上了，但是它的贴图还是不能正确显示，这个问题应该在贴图上找，重复次数要多一些，如下图所示。最好在调节完一个材质后再覆盖其他的材质，这样避免重新调整其他的子材质，会减少重复性的工作。

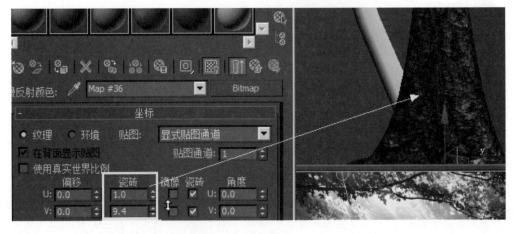

渲染一次，速度还是很快的，放大物体，可以看到材质的纹理，但是没有凹凸，叶子的反射强度也不够，没有透光的感觉，如下图所示。接下来继续调节。

15 进入叶子的贴图，之前对叶子的贴图和高光进行了简单的调节，很多读者都习惯用VRay材质来调节，VRay材质确实能更好地体现真实材质的感觉。而标准材质虽然简单，但是某些方面又达不到要求，所以在材质类型中直接转换为VRay材质，材质需要重新添加一次，在Maps卷展栏的透明通道中可以添加黑白贴图，如下图所示。

Maps		
Diffuse	100.0 ✔	rchmodels61_ficus_leaf_diffuse.jpg)
Roughness	100.0 ✔	None
Reflect	100.0 ✔	None
HGlossiness	100.0 ✔	None
RGlossiness	100.0 ✔	None
Fresnel IOR	100.0 ✔	None
Anisotropy	100.0 ✔	None
An. rotation	100.0 ✔	None
Refract	100.0 ✔	None
Glossiness	100.0 ✔	None
IOR	100.0 ✔	None
Translucent	100.0 ✔	None
Bump	30.0 ✔	None
Displace	100.0 ✔	None
Opacity	100.0 ✔	chmodels61_ficus_leaf_opacity.jpg)
Environment	✔	None

16 叶子在日常生活中非常常见，它本身具有油亮的光泽，在阳光照射时会有一种半透明的感觉。根据这两个特点来调节一下，首先调节半透明的感觉，将反射光泽度设置为1，既然是半透明，透过叶子看过去的景象肯定非常模糊，并不像透过玻璃片那样，所以光泽度值可以小一些，如下图所示。现在渲染测试一下。

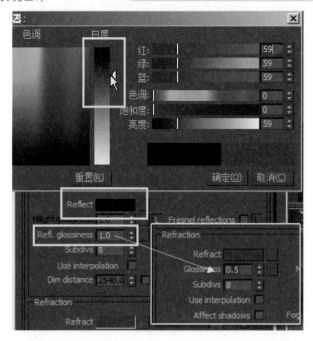

17 通过每一片叶子的遮挡，可以看出这里还是有一定模糊的，但是强度还不够，需要再模糊一些，同时增大细分值，如下图所示。

18 现在叶子已经有了半透明的感觉，但它缺少的是光泽，反射值可以大一些，右边的菲涅耳反射，一般在室内表现瓷器效果时用得比较多，它可以很好地控制反射强度，但又不失光泽。叶子表面有一种油亮的感觉，既能体现光泽，又能体现一定的反射，但它的反射不像镜面那样强烈，需要让它变得模糊，这是通过光泽度来控制的，先设置为0.5，细分值可以高一些，如下图所示。

19 这次渲染的结果要比刚才稍微强一些，但是还不够，可能是光泽度值太大了，让它小一些，看一下材质球，如下图所示。

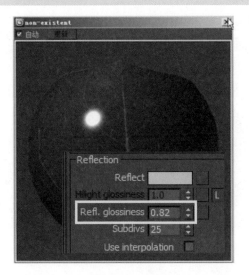

20 现在叶片上已经有了高光效果，这种高光效果能够为叶片带来很油亮的感觉，但是高光区域比较小，要让它扩散，再大一些，把整片叶子都照亮，体现出叶子的通透性。通过材质球来观察，调节一下光泽度，大概在0.7左右，如下图所示，再渲染一次。

21 将视图缩小，查看一下总体的效果，将植物暗部、亮部的颜色与照片中的对比，目前为止，它的颜色能够很好地与照片背景融合在一起，如下图所示。

22 再调节一下它的半透明类型，选择硬蜡模型，在材质球上可以看到明显的变化，如下图所示，再渲染一次。

23 植物的叶子、高光位置，甚至整片叶子都变白了，现在返回材质编辑器调节它的参数，将它的背面颜色调节为深绿色，如下图所示，再渲染一次。

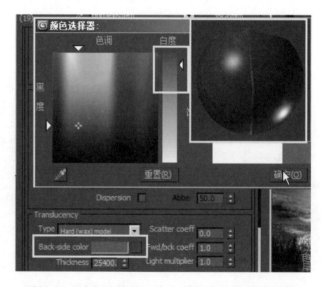

24 现在叶子就有了一种被光透过来的感觉，缩小视图来观察整体的效果，如下图所示。

目前这种真实感还是可以的，因为在这个场景中，照片作为背景，它会影响到物体的反射，反射效

果会不正确，所以在这个场景中无论怎样去调节，与真实的反射都是不一样的，我们讲解的材质调节也仅仅是一种方法而已，告诉大家在调节植物材质时要考虑哪些因素。

总结一下本节内容，在制作植物材质时，无非就是在漫反射通道中加入一张贴图，在透明通道中加入一张透明贴图，还可以加入一张凹凸贴图，也可以不加，还有反射、折射、光泽度参数的控制等，基本就是这些设置。调节这些参数就是要表现叶子的属性，即透明、油亮的感觉。如果在商业效果图表现中有很多植物，笔者建议最好不要这样去调节，因为场景不同，表现出来的效果也不同，真实感更不同。如果要追求效率，追求真实感，最好是找一张好的树叶贴图，表现出来的效果会更好，渲染的速度更快。

→ 2.7 制作植物动画

上一节已经对植物的材质进行了详细的介绍，本节来制作植物的动态效果。

01 选择植物模型，拖动时间滑块，它是没有任何动态效果的，进入它的修改面板中，找到Wind（风力）选项，单击Adjust按钮，如下图所示。

在弹出的面板中可以设置风力大小等参数，笔者使用的是英文版，如下图所示。现在解释一下它的参数。

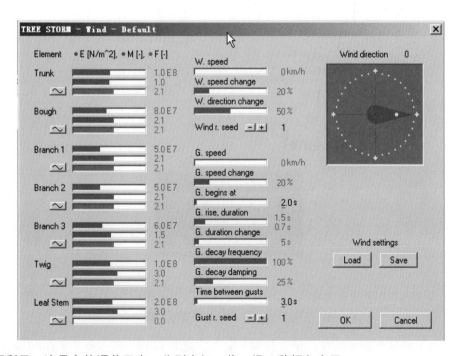

如下图所示，这是它的调节元素，分别由红、蓝、绿3种颜色表示。

Element ● E [N/m^2], ● M [-], ● F [-]

红色代表每一个枝干或一片树叶的弹性，蓝色代表每一个枝干或一片树叶的质量，绿色代表每一个枝干或一片树叶的力度。

在每一个枝干、分枝及树叶参数上都有这 3 种调节方式，当我们调节风力参数后，它默认的摆动效果就已经很不错了，但是要想得到一个更为真实更为自然的效果，还需要手动调节一下，如下图（左）所示。

02 打开这个面板之后，先为它设置一个速度，其他参数保持默认值不变，如下图（右）所示。

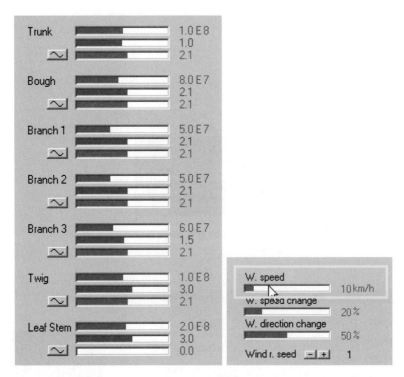

03 现在没有任何效果，需要勾选Active选项才起作用，如下图所示，拖动时间滑块，植物已经有了摆动效果。

提示 在播放动画时最好是使用3ds Max的播放按钮，不要拖帧，因为拖帧的速度并不是每秒25帧，只有单击播放按钮，观察到的效果才是自然流畅的摆动效果。

04 现在得到的这个摆动效果，风力显然比较大，把它调小一些，大概是2000米/时，如下图（左）所示，播放后观察一下效果。

这个效果能满足笔者的要求了，风力不要太大，是一种微风的感觉，但问题在于除了树叶的摆动，主枝并没有什么变化，这不太自然，继续调节一下。

05 红色的属性与主枝的摆动关系比较大，我们来调节一下，先将它的值调大一些，如下图（右）所示，试一下效果。

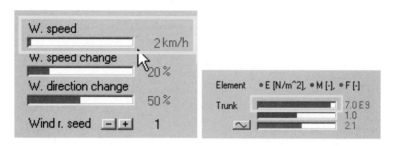

06 还是没有太大的变化，再将值调小一些，现在主枝已经有了轻微的摆动，但还是不够，可以再小一些，如下图（左）所示。

07 现在效果比较明显了，摆动也很自然，但是在微风中叶片的摆动又显得有些大，再修改一下叶片的摆动幅度，将弹性值调小一些，力度值调大一些，如下图（右）所示。

通过这样的设置，就简单快速地得到了植物摆动的效果，这款插件非常智能，也非常简单。

关于风力的调节就讲到这里。

在本书案例中，因为要表现4个季节，所以在制作植物的时候，不可能在树木风暴插件中做同样的一种植物，即使是同一种植物，由于季节的原因，树叶的数量也有差异，下面来看一下如何调节植物的叶片数量。

01 选择植物，进入修改面板，进入多边形下的Adjust面板中，如下图所示。

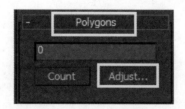

02 界面左侧有主枝、分枝等参数，下边有叶茎和叶片两个参数，在旁边，这个蓝色的滑块决定叶茎数量的多少，3780是它的多边形数，如下图所示。在树木风暴插件中，如果想对多边形数目进行控制，就可以在这个面板中调节，但是它与我们通常所用的软件不同，它是反向的，也就是说，想让它的面数变得越多并不是向右拖曳鼠标，而是向左。

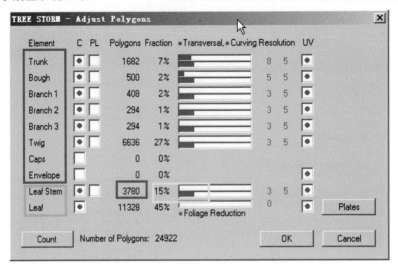

现在多边形数目非常多，然而要想再增加一些植物的叶子，在这里是不可以的，必须在树木风暴插件中制作出一个叶子非常密的模型，在 3ds Max 中只能对它进行简化，不能增加，现在无论怎样增加面数或者叶子都是没有用的，如下图所示。

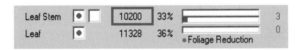

03 现在让植物的叶子少一些，呈现出一种冬天的感觉，此时就可以调整叶片数目，目前叶片的数目是11328个多边形，可以将滑块向右拖曳，就得到了2432个多边形，如下图所示。

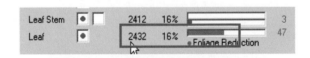

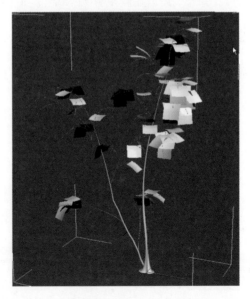

04 目前叶子还是有一些多，可以继续调整它的数目，让它少一些，如下图所示。

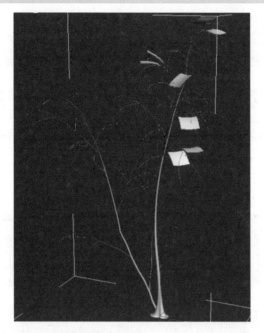

使用这个方法就可以对植物叶片的密度进行控制，而且不必在软件中重新制作模型。

⊙ 2.8 转换为VRay代理物体

　　前面介绍了一棵完整的植物模型的制作方法，但最终渲染的时候场景中会有大量的植物，如果全部都是这种实体模型，那么计算机的处理速度将异常缓慢，为了节省内存，提高处理速度，需要在渲染之前将模型转换为 VRay 代理物体，只要电脑中安装了 VRay 渲染器，就可以对物体进行转换。

　　0 1 当我们完成物体材质及动画的制作后，可以选中物体，单击鼠标右键，从弹出的菜单中选择"VRay网格输出"选项，在弹出的面板中就可以对物体进行转换，如下图所示。在这里要转换的是动画代理物体。

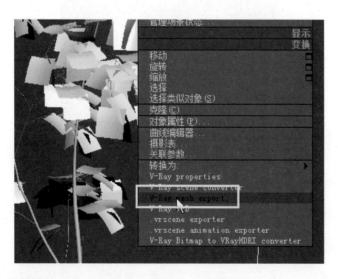

　　0 2 在面板最上方设置好输出路径和输出的名称，如下图所示。

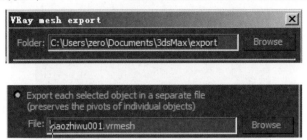

03勾选"输出动画帧范围"选项,在这里可以选择以场景时间为主或是自己设定时间,然后勾选"自动添加到创建代理"选项,如下图所示。

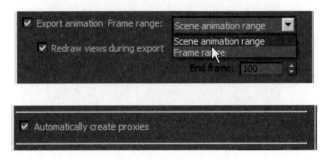

目前场景中是一棵小植物,在渲染输出时速度还是比较慢的,本书案例中笔者制作了几棵比较大的树的模型,叶子非常茂密,在转换为代理物体时速度非常慢,而且代理文件的大小也将近3GB。现在可以播放一下动画,看到显示速度非常快,很自然,如下图所示。

⊙ 2.9 制作草地

本节学习草地模型及材质的制作。

01本节介绍动态草地的制作方法,笔者使用的是一款插件,只需把这款插件复制到3ds Max的插件目录下就可以使用,非常简单,可以在创建命令的几何体面板中找到这款插件,如下图所示。

02 在视图中任意拖曳鼠标就可以创建出草的模型，如下图（左）所示，它的参数非常简单，可以设置一些简单的风力动画。我们了解一下这些参数，第1个是时间，主要用来设置显示的属性，如下图（右）所示。

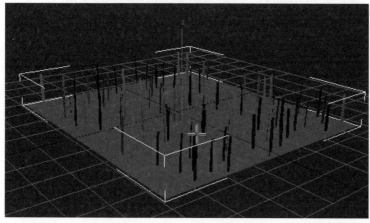

03 Blades，中文译为刀片，其实可以理解为数目。用鼠标指针上下拖曳Length（长度）、Variation（变化）值，可以得到草地随机变化的效果，这样会更自然一些，如下图所示。

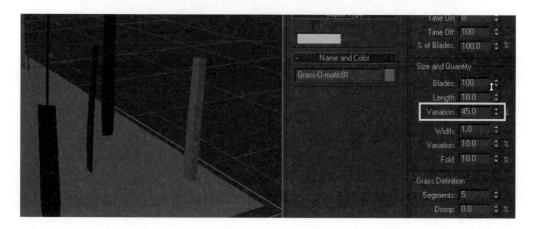

04 调节一下Width（宽度）值，如下图所示。

05 调节Fold（折叠）参数值，小草会产生一个折叠的效果，像是折纸一样，如下图所示。

06 按F4键将线框显示出来，调节Segments（段数）值，段数越多，面数也就越多，将来制作动画时，显示效果会非常细腻，如下图所示。如果要制作一个草地非常多的场景，笔者建议还是要把段数控制得少一些。

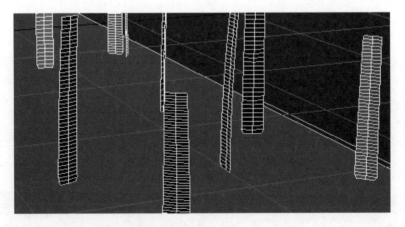

07 调节Droop（下垂）参数值，控制草的下垂度，如下图所示。

08 设置Taper（锥度）参数值，可以将草的顶端和底端调节为尖尖的效果，每一片草的形状都不同，可以设置它的随机值，如下图所示。

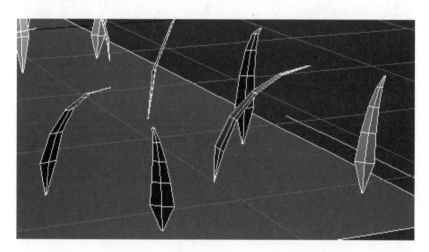

09 设置Taper Ctr值，可以控制草在哪一部分是粗的，哪一部分是细的，如下图所示。

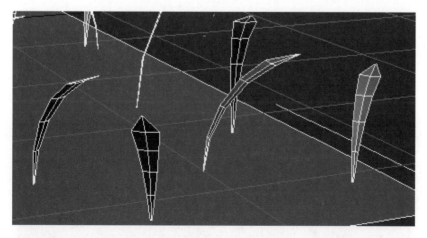

10 调节Tilt（倾斜）值，可以让草倾斜一些，如下图所示。本书案例涉及春、夏、秋、冬4个季节，尤其是在冬季时，有些比较高的草会因为季节的变换而枯萎，设置该值就可以表现出这种效果。

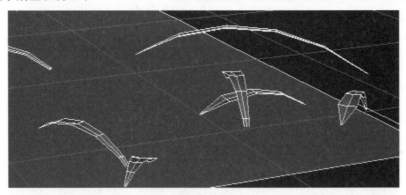

11 Spin（纺）的默认值是180，在这里可以理解为180°，调节该值可以使草旋转，通过设置随机值可以让草全部朝一个方向生长，如下图所示。

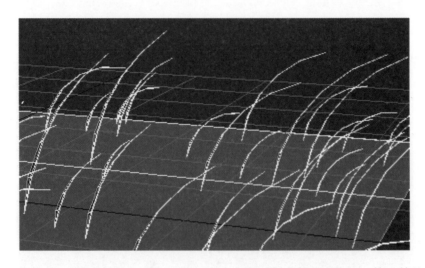

12 勾选Clumps On（簇）选项，调节Clumps On（簇）值，可以让草以一簇一簇的方式生长，不像单棵草那样疏散，如下图所示。

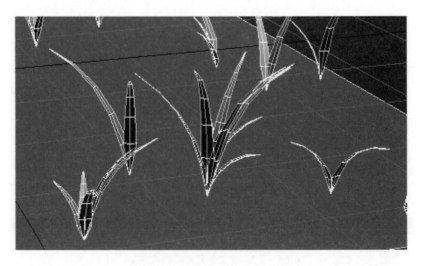

13 调节Smoothing（平滑）值，可以让草模型显示得更光滑一些，如下图所示。

14 在Icon Visibility（图标显示）栏中选择Frame选项，会隐藏平面物体，如下图（左）所示。在Wind（风力）栏中勾选Activate Wind选项，可以使草产生摆动的效果，如下图（右）所示。

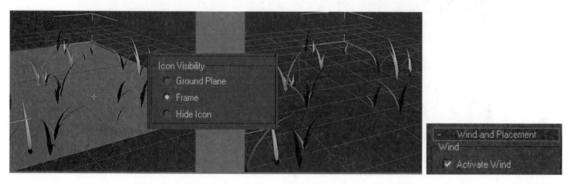

15 调节Direction（方向）值可以设置风向，如下图（左）所示。调节Max Strength（最大力度）值，可以在模型中选择一块区域，以最大的风力来吹动，如下图（右）所示。

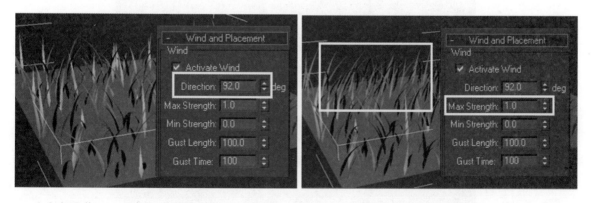

16 在调节Min Strength（最小力度）值时，一般会让它与最大力度值的差别大一些，这样草地看起来会更逼真，如下图（左）所示。在风吹过草地的时候不可能总保持一个速度，而是一阵一阵的，调节Gust Length（阵风长度）值，就可以设置阵风吹过草地的效果，如下图（右）所示。

17 调节Gust Time（阵风时间）值，可以设置阵风持续的时间，如下图（左）所示。在制作草地时草不可能总是生长在平坦的地面上，也有可能生长在凹凸不平的地面上，通过Grass Placement参数可以自定义地面的地形，如下图（右）所示。

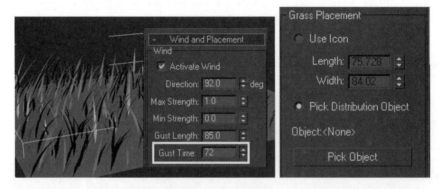

此时，只需单击 Pick Object 按钮，拾取物体即可完成操作，下面继续介绍一下它的功能。

18 调节Any Vertex（任何顶点）参数，可以使草地显得更加逼真，如下图所示。

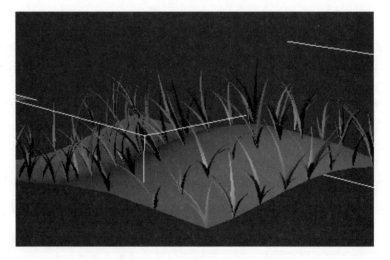

19 调节Even Over SuRealFlowace Area（超过表面）参数，使草的生长变得更自然，如下图所示。

20 调节Any Face Center（任何面的中心），使草的分布更加均衡，如下图所示。

21 调节Along Edges（沿边缘）参数，使草沿地面边缘进行生长，如下图所示。

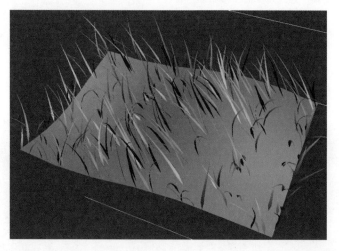

22 调节Any Edge Midpoint（沿边缘中心点），使草沿地面边缘的中心进行生长，如下图所示。

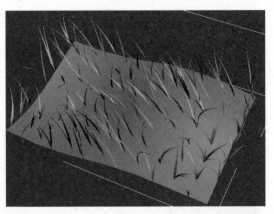

　　调节不同的参数，就得到了不同的效果，这款插件操作起来非常简单，实现的效果也非常快。这款插件只适合用来制作草地模型，需要在 3ds Max 软件的材质编辑器中设置材质，如下图所示。

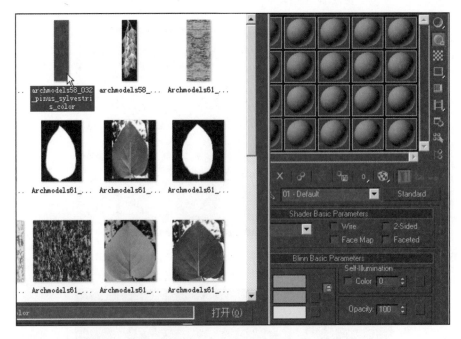

　　23 可以添加一张贴图显示一下，播放动画，发现风吹草地的速度非常慢，如下图所示，可以调节阵风时间，让风吹的速度快一些。

如果读者想让草地的效果更真实、更自然，则还需要再详细地调节各个参数，插件的使用方法就讲到这里。

2.10 制作逼真的水效果

本节开始讲解水的具体制作方法，先来了解一下水在环境中的特性，以及将来在真正制作时需要重点考虑的地方。笔者在网上找了一些流水的图片，大家可以看一下，如下图所示。

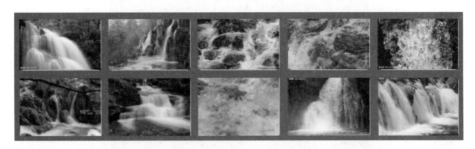

在制作之前了解一下流水的特性是很有必要的，对于我们制作出更加逼真的水效果很有帮助。无论是哪一种流体，它都有3种特性，即流速、体积和方向，可以看到，参考图片中大自然的流水，包括生活中倒水的过程等，都会体现出这3个最基本的特性。在流体软件中表现水的效果时，实际就是围绕粒子进行设置，粒子的数目，也就是体积，为了能够表现出逼真的流水，粒子之间肯定是要相互碰撞的，这种碰撞的强度大小需要我们注意，外界对粒子的影响，比如流水冲击石头或者雨水打在树枝、树叶上，这种碰撞对流体都是有一定影响的，随着流体的自然流动，它是否会产生泡沫、水花等效果，这都是需要考虑的因素。

现在看一下流体的场景。笔者使用RealFlow5里面新加的域来制作本场景，如下图所示，它可以快速模拟出自然界流体的效果，比如流水、海洋等大型的流体，而在RealFlow4之前的版本中，对粒子的模拟虽然非常细腻，但是对于本案例场景的计算就太慢了。

相信很多人也使用过 RealFlow 软件制作过流体（笔者将使用 RealFlow 2012 版本），相对来讲它也是比较简单的，下面介绍本节的场景。

01 如下图所示，这是已经做好的文件，包括域，域里面有一个杀死系统（粒子超过这个系统就消失），以及手工搭建的这个面板。

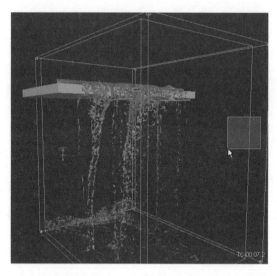

这里有一个粒子发射器，如下图所示。

02 在这里人为设置了一些遮挡物，让水的流动效果更自然一些，如下图所示，在鼠标指针所指的地方就有一些遮挡物体，但笔者没有制作一些比较大的遮挡物体，就是想表现水流倾泻而下的效果。

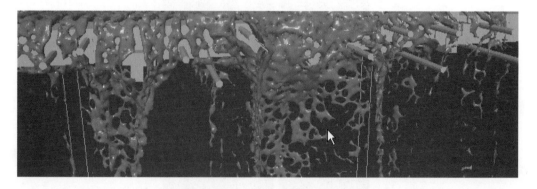

03 拖动时间滑块，发现水在下落过程中并不是以拉丝的现象出现，观察一下参考图片，如下图所示。

　　照片中的效果其实与摄影机的快门速度是有关系的，拍出来的运动模糊效果非常强，所以我们可以在渲染时或者在后期增加一些运动模糊效果。如下图所示，最终笔者采用的是这样的效果。

　　下面为大家介绍一些重要的参数。

　　粒子发射器。

　　Initial speed（初始流速）：在这里可以控制它的速度，也就是流速，如下图所示。

　　通过作为粒子发射的面片来控制流水的体积，如下图所示。

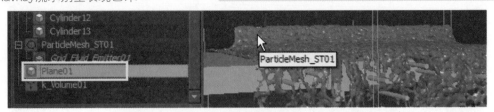

也通过这个面片来控制它的发射方向，如下图所示。

可以通过设置 Resolution 参数来调整粒子的数目，如下图所示。

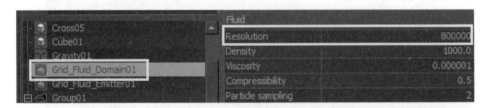

可以在 RealFlow 新增的功能中找到 Splash 和 Foam 参数，用来设置泡沫或水花效果，如下图所示。

关于制作流体的内容就是这些，还有一些小的细节部分将在后面的章节中详细介绍。

2.11 建立基本条件

本节就不讲解每一步的操作了，直接新建场景，然后设置它的基本物体。

01 单击"创建新项目"按钮，然后指定项目名称，这里使用默认路径，如下图所示。

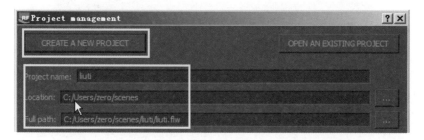

02 首先要为流体创建一个条件，也就是先创建一个域，让水在这里流动，如下图所示。

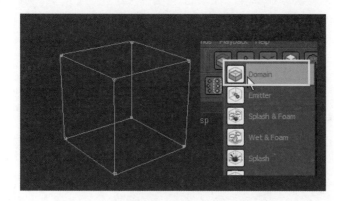

03 粒子在流动的时候，受下落速度、体积的影响，当它碰撞到域的内壁时会产生一些卷起的效果，所以在域中再创建一个杀死系统（粒子跃过这个系统就消失），大小和域差不多，不超出域的范围就可以，下面可以超出，因为流水下落以后，在地面上还会进行反弹，如下图所示。

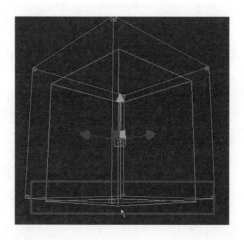

04 加入遮挡物体，这里的遮挡物体使用的是几何体，让它的面积大一些、薄一些，如下图所示。

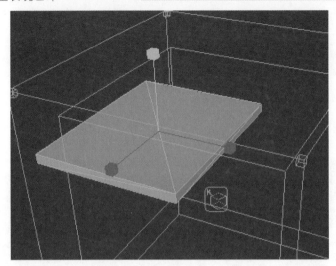

05 再创建一个物体，作为粒子发射器，选择Plane，然后旋转90°，摆放好位置，如下图所示。

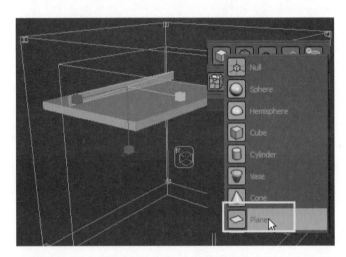

06 添加粒子发射器，发射的方向默认是向下的，需要旋转过来，如下图所示。

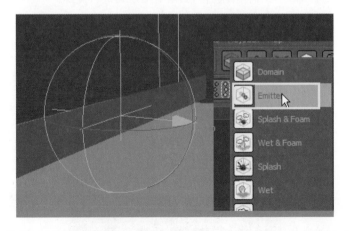

07 目前为止，粒子可以发射出来了，但是缺少重力，没有重力水就不会向下落，因此添加重力，如下图所示。

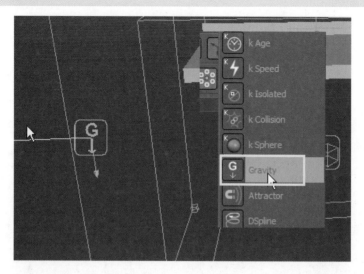

08 最后设置水的遮挡物体，可以使用一个Cross的物体，它的形体比较复杂，在与水发生碰撞之后会产生更多的细节，如下图所示。

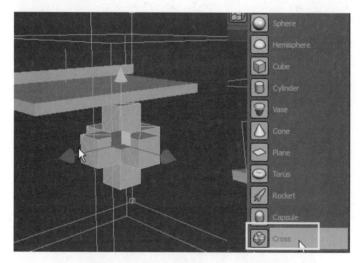

09 调节Cross物体的大小，摆放好位置，多复制几个，使它们大小不一，方向不同，如下图所示。流水与它们碰撞之后，会显得更自然一些。

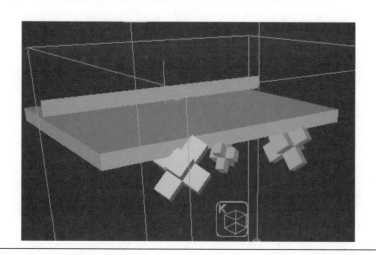

以上就是设置遮挡物体的方法，具体遮挡的效果如何，真不真实，还需要对流体进行模拟才知道。

10在RealFlow中需要对工程文件进行输出，而测试的时候笔者不希望输出一些不需要的文件，因为这样会占用很多内存。按F12键，打开输出窗口，直接单击Export None按钮即可，如下图所示。

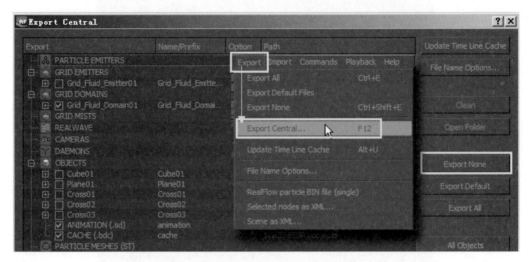

建立基本条件的操作就讲到这里。

⊙ 2.12 设置流动的水

上一节我们已经把流水的场景建立好了，它的参数都是默认的，现在先来模拟一下。

01速度还是很快的，但是粒子默认没有速度，选择粒子，给它设置一个初始速度，而且持续发射，如下图所示。

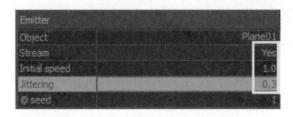

观察一下图片，如下图所示，水在下落的时候，经过其他物体的碰撞、水之间的碰撞与外界的影响，它产生了一些抖动的效果，在参数设置中也可以加入抖动效果，让它少一些，因为流水的高度比较低，再来模拟一下。

02 模拟到35帧时这个效果就已经出来了，如下图所示，有经验的读者能够看出目前这个水量有些大，而且我们要的是柱形的效果，这样遮挡物体的设置就有问题，需要重新处理一下。

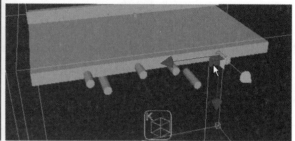

03 摆放完成后再来测试一下，如下图所示。

现在的效果就会好一些，但是有些地方由于遮挡物体设置得不到位，水就顺着这里流了下来，还可以再多设置一些遮挡物体，如下图所示。

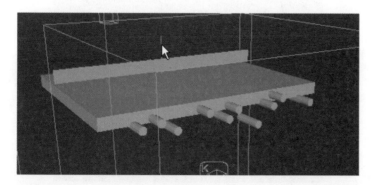

04 再次调节粒子发射参数，场景中的粒子数量比较多，在模拟速度上要慢一些，可以选择域，让粒子少一些，修改Resolution值为50 000，模拟一次，如下图所示。

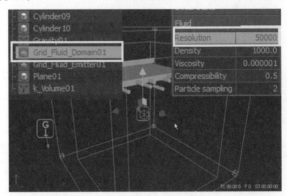

05 现在因为粒子少了，所以从得到的效果中看不清细节，此时可以旋转一下视图，从正面可以看到水避开遮挡物体流下来，这种感觉还是非常逼真的，如下图所示。

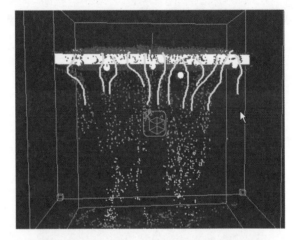

06 同时这些粒子数也是笔者想保留的，因为现在已经得到了比较好的效果，这说明遮挡物体的设置很到位，它使粒子发射出来之后产生一个非常自然的下落效果，设置起来也非常简单，我们来看一下增加粒子数后的效果能不能满足要求，再模拟一次，如下图所示。

07 流体已经模拟到42帧，目前的效果还是非常不错的，这种柱状的流水效果比较逼真，播放一下，看到流动的速度比较快，可以修改粒子的发射速度值为0.5，计算一次，如下图所示。

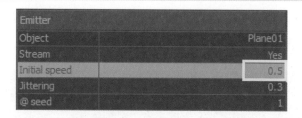

流动的速度还是比较快，但这不影响最终输出的速度。为了在将来输出的时候能更有把握，现在不用返回去调节它的参数，如果调节参数达不到理想的效果，可以通过改变模型的方向来对速度进行控制，我们可以想一下，粒子发射器发射的方向是前方，而且也有一定的速度，粒子流动的速度快是因为物体是平面的，没有任何阻力。

08 可以把平面和遮挡物体旋转一个角度，让它稍微有一些倾斜，如下图所示；当粒子发射出来之后，在坡度的影响下，粒子的运动就会变慢，当它流下来的时候速度也不会那么快了。

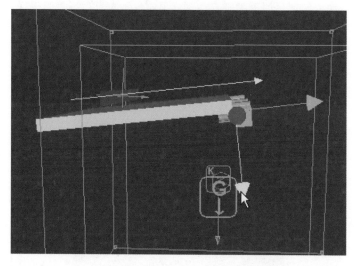

本案例的讲解到这里就结束了，大家可以调节前面介绍的几个参数并观察效果。

本书以流水别墅四季的表现为主，在夏季和秋季，雨水量是比较多的，到了冬季，在低温条件下，水会结冰，而春季时冰又开始融化，这些融化的水会滴哒往下掉，那么这种冰融化成滴水的效果该如何表现呢？其实也很简单，就不在这个案例中详细说明了。

09 只需对粒子发射参数进行调节就可以了，水滴是一点一点往下掉的，并不像水龙头那样哗哗直流，可以将作为粒子发射的面片缩小一些，不要发出太多的粒子，如下图所示。

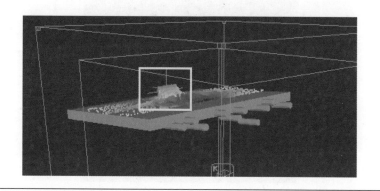

10 经过刚才的测试，粒子的数量还是有一些多，可以直接修改作为粒子发射的这个物体，进行缩放，这是有效控制粒子数量的方法，如下图所示。

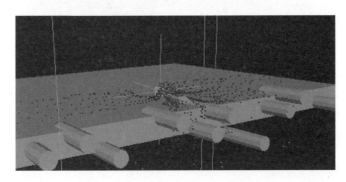

在本节视频中笔者主要强调的是思考问题的方法及制作思路，理顺了思路，案例的制作将变得简单。

我们来看一下之前做的案例，如下图所示，这就是制作别墅夏季场景时使用的流体。

再看一下春季的流水，如下图所示，有点像胶状物，但是笔者想要的就是这种滴嗒滴嗒的效果。

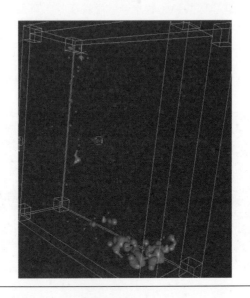

关于流体的制作就介绍到这里，播放一下，大家可以看到流水滴哒滴哒的动画，这就是我们想要的效果，如下图所示。

现在制作的这个流体，可以通过反复调节参数来得到想要的效果，但是如果通过调节参数也无法得到满意的效果时，该怎么办呢？这是最现实最直接的问题，所以笔者在介绍流水的表现时并没有像初级教程那样讲得很细腻，而是强调一些思路和想法，因为软件毕竟是一种工具。

2.13 输出及导入

本节我们将上一节使用的案例文件输出，然后导入 3ds Max 中，在输出之前要将流体转化为网格物体。

01 首先在粒子发射器上加入网格输出，选择标准粒子网格，然后在粒子网格上单击鼠标右键，选择粒子发射器，其他参数不变；只需将Filter（过滤）设置为Yes，让流体在流动时产生拉丝的效果，然后在粒子网格上单击鼠标右键，选择Build（创建）命令，如下图所示。

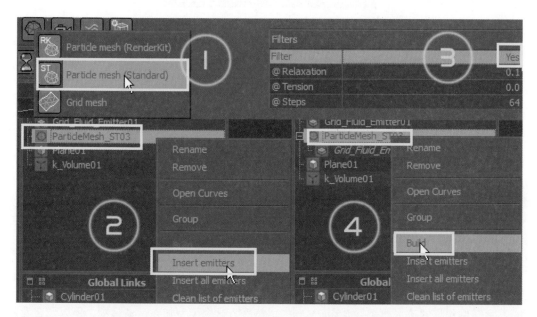

02 绿色的物体就是网格物体，细腻程度还是可以的，在输出时需要对输出的选项进行设置，笔者最终想要的只是网格物体，其他的都不要，所以不需要勾选，如下图所示。

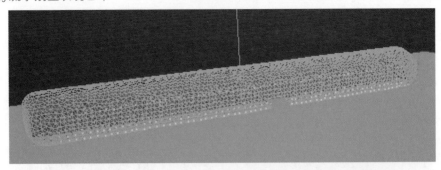

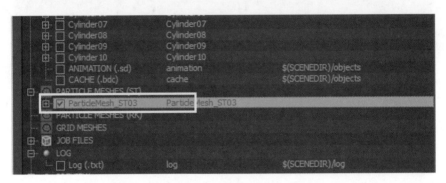

03 单击前面的锁图标，解锁，在0帧之前，当流体有了一定的形状之后再单击锁图标，从0帧开始计算，如下图所示。

最终模拟出的效果如下图所示。

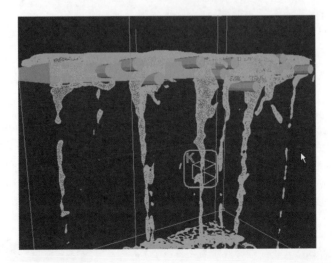

04 将之前制作好的流水模型导入3ds Max中，然后为这个模型加入运动模糊，所以现在看起来会有动态模糊的效果。这个设置非常简单，只需要选择物体并单击鼠标右键，在弹出的菜单中选择"对象属性"选项，将"运动模糊"的倍增值调整为3，如下图所示。

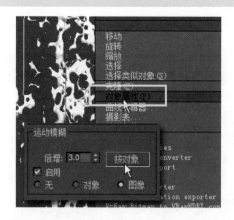

05 渲染时注意动画时间的设置，要从第1帧开始，因为在RealFlow中，最开始帧和结束帧是没有流动效果的。可以看一下模型，在第0帧的时候没有任何流动效果，第1帧的时候才有效果，如下图所示。最后1帧也没有任何流动效果，输出的时候要从1帧到124帧。

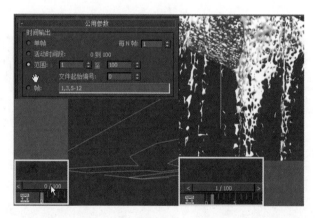

06 以这个场景为例，安装好RealFlow之后会弹出一个面板，可以单击Create BIN Mesh Object按钮，如下图所示，创建BIN网格物体，可以加载RealFlow中已经输出好的流体网格文件，将时间滑块拖动到第1帧，看一下它的位置。

07 这个物体对于我们的场景来说太小了，可以使用缩放等功能改变它的位置及大小，如下图所示。

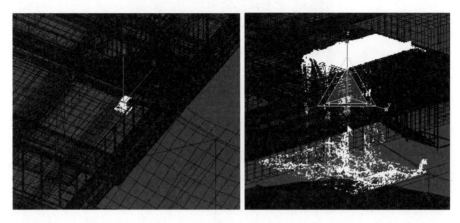

08 场景中仅有这一处流体还不够，在右侧也需要摆放一些，可以对它进行复制，如下图（左）所示，右侧的流水如下图（右）所示。

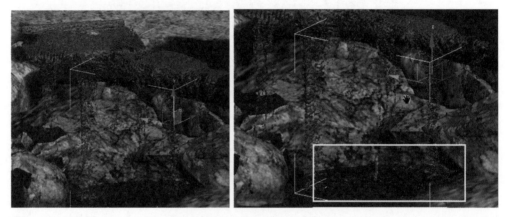

在实际案例中笔者摆放了 3 组这样的流水，使它们彼此穿插，让有些地方的流水比较密集，而有些地方的则比较疏散，这就是导入流水之后需要做的工作，本节就讲到这里。

CHAPTER
03
第3章

循序渐进

本章对"流水别墅"场景进行初步调试，主要介绍VRay三步法设置，首先在场景中添加灯光，模拟太阳的高度，然后简单设置VRay参数，最后渲染场景。通过检查模型及其材质来反复调节，找到最佳的表现效果。

➔ 3.1 VRay三步法设置

本节讲解一下 VRay 的三步法设置，这三步设置对于室外或者室内场景都比较适合。它重要的地方不在于如何设置，而在于我们的想法和思路。

首先渲染一下这个场景，如下图所示，这是一个素模，为材质设置了一种颜色。

关于 VRay 的设置很多人已经都非常了解了，我们来看一下它的设置。

01 第一步需要先为场景创建灯光，对于这些灯光，有的人喜欢使用标准类型的，有的人喜欢使用VRay类型的，都可以，这里选择VRay渲染器，如下图所示。

 提示 可以使用标准灯光、聚光灯、平行光或者泛光灯，只要能模拟出我们想要的光源就可以了。

先在场景中随意创建一个目标平行光，调节一下高度，用它来模拟太阳的位置及高度，如下图所示，这是使用标准灯光的做法。

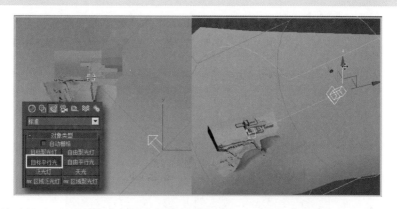

再来看一下使用的 VRay 灯光，许多读者都喜欢使用 VRaySun，它非常智能，使用也非常简单，只需通过鼠标指针在场景中拖曳出一个光源体，然后单击"是"按钮，即可将它添加到环境贴图中，模拟太阳的高度，如下图所示。

以上就是使用不同光源来模拟太阳的方法。

无论使用哪种光源，我们最终要模拟的效果都是一样的。以本节的场景为例，笔者刚开始使用的是标准灯光，现在使用的是 VRay 灯光，目的是将这些灯光作为太阳光使用，所以笔者要考虑的不是光源类型，而是光源的方向、高度、亮度等参数，如下图所示。

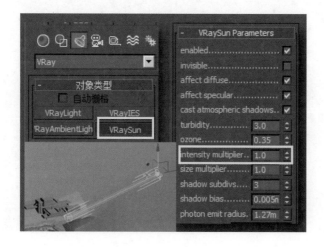

这个光源与我们的摄影机之间会形成夹角，将来渲染时所产生的阴影在建筑上是否美观，这也是我们需要考虑的问题，如下图所示。

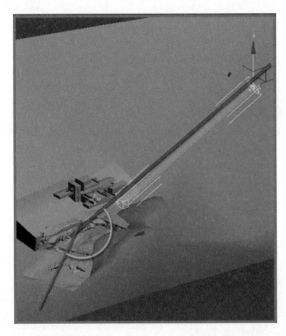

在第 1 章讲解镜头分析的时候，就介绍了摄影机构图、角度的知识，这对将来出图是有一定影响的。本节介绍的光源也是如此，光源与建筑的夹角，以及光源与摄影机视角所形成的夹角，能否表现出更好的效果才是最重要的，选择哪种光源类型则是次要的。

02打开VRay的设置面板，第二步要设置它的全局光照明，也就是GI。勾选GI，启用全局光照明，在面板的下方有一些参数需要调节一下。为了能快速得到一个效果，首先要设置一个低参数值，Min rate、Max rate值均为-3，分别勾选show calc.phase（显示计算相位）、show direct light（显示光照）选项，如下图所示，这样在计算光子的时候就可以观察到灯光的光影方向及它的强弱，不必等到计算完成。

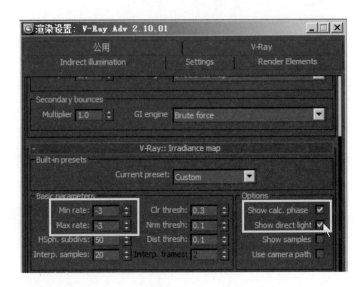

这几个参数看起来非常简单，只需要勾选就可以了，但是能够大大提高渲染效率，这是我们的第二步设置。

03在这里还有颜色贴图参数需要设置，一般使用它来控制曝光，笔者使用"指数"曝光方式，如下图所示，它能有效地控制很亮的部分。虽然在现实生活中拍摄照片时允许有一些曝光，但是在渲染的时候最好不要让作品产生曝光。想让它亮一些，可以在后期进行处理，这样更容易控制。

这里有两个参数，一个是子像素贴图，一个是钳制输出，这两个参数能很好地控制由于曝光产生的一些光点，先勾选一下，如下图所示。

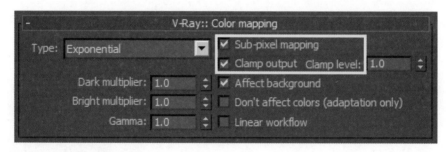

这就是 VRay 三步法设置。

下面讲一讲 VRay 三步法设置的意义。

关于参数的设置，很多读者认为没有特别之处，很简单，但是为什么要这样设置呢？首先看一下全局照明下的参数，笔者将 Min rate、Max rate 值设置为 – 3，这样的低参数值可以得到一个快速渲染的效果，如下图所示。如果渲染效果不理想，可以对不足的地方进行修改，直到满意为止。

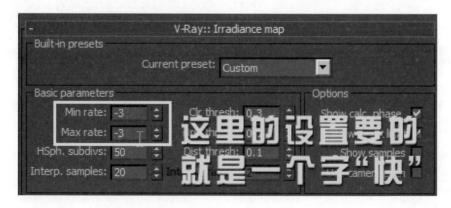

下面渲染一下场景，可以看到光子的计算过程，画面非常亮，白白一片，如下图所示。

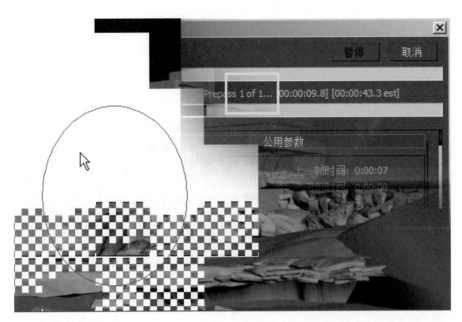

出现上面的情况就不要继续渲染了，要分析一下场景过亮的原因，可以在灯光上考虑。在这里，VRaySun 默认的倍增器值是 1，这个值有点高，根据经验，可以改成 0.05；然后再渲染一次，现在就得到了一个比较好的效果，如下图所示。

在渲染过程中会反复调节各种参数，然后一遍一遍去渲染，非常耗费时间。在参数值比较低、场景比较简单的情况下，可能我们体会不到，但是当场景变得非常复杂，参数值越来越高时，渲染时间将成倍增加，我们的工作效率也会降低。

刚才渲染这个场景以后，通过查看光子的计算过程就发现了问题，我们修改了灯光的参数。现在回到渲染设置面板，看一下渲染效果，因为参数值比较低，所以场景中很多地方的细节不够，比如石材下面光源的反射不够细腻，也产生了一些破面的现象，如下图所示。

　　这到底是模型的原因，还是渲染的原因呢？可以调整一下它的参数，观察一下。当我们在低参数值下得到一个效果后，发现了一些问题，例如，这种破面的现象，如果确认不是模型的问题，那么可以提高一下渲染精度（提高参数值）。再渲染一次，如下图所示，发现图像的质量会高很多，同时破面现象也没有了。

　　现在场景的渲染效果基本符合笔者的要求了。可以想象一下，将来在增加植物、石材等配景之后，如果在这个精度下能够达到目前的效果，说明场景中灯光的设置是合理的。

　　建议读者在工作时不要盲目地调节参数，应根据场景实际情况进行设置。刚才调节的这些参数都是最基本的参数，没有特别之处，如果想要得到一幅高质量的图像，可以在基本参数的基础上一点一点往上调，来渲染出你最终想要的图像，不要总是把参数值调得太高，这样无形中会增加渲染时间，如下图所示。

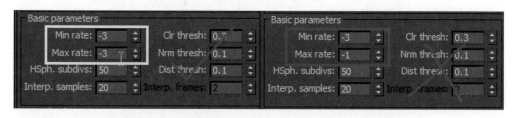

以上就是本节讲解的 VRay 三步法设置。

3.2 检查模型

　　如下图所示，这是上一节渲染出来的一张图，笔者简单加入了材质，通过观察发现模型有一些漏洞，其他地方还可以，而且将来要在这些草地上添加一些植物，可以掩盖这些小的不足。问题最大的是露在表面上的这些石头，在之前介绍石头的制作方法时，笔者也讲过，如果想表现一块非常细腻的石头，仅仅通过模型是难以做到的，我们还需要在模型上加入置换来体现出它这种非常细小的凸出。

　　如下图所示，这是笔者渲染的一个素模，简单地加入了一个草地材质，但是目前这个草地并不太好，因为太碎了，有点像草坪。这些绿色的图形表示将来要加入的植物，后面的图形表示比较高的树，前面的图形表示矮小的植物。

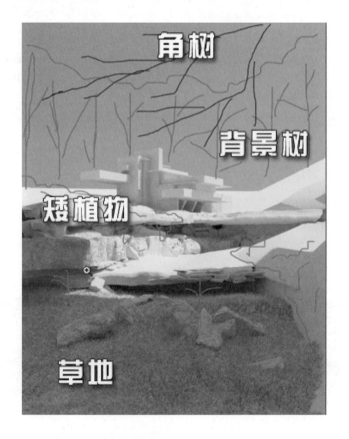

我们来看一下模型，选择这个石头模型，如下图所示，还是像前面制作石头模型那样，在它的模型上加入了一个置换。可以看一下最终的参数，设置非常简单。

如下图所示，在这个破面的地方，笔者用了一些比较碎的石头把它挡住了，这是通过渲染检查出来的问题。

其实在做每一个环节的工作时都要随时检查，不能因为客户的催促就忽略这些工作。在做项目时有的人显得很慌乱，实际上这与我们的制作思路有很大关系，如果思路不清晰，一旦时间紧迫，就加剧了我们想要赶紧完成作品的心理，之前的思路被彻底打乱，这样自然会增加出错的机会，本来在制作环节中需要解决的问题，被拖到了后期阶段。

尤其是建筑动画，它不可能像效果图那样可以通过后期去做简单处理，建筑动画是一个动态效果，如果某一部分出现了漏洞，可能就要重新渲染了，所以笔者再次提醒大家，在做每一个环节的工作时一定要仔细。

在上一节讲解的 VRay 三步法设置，其实也可以作为检查场景的一种方法，比如通过低参数值快速渲染来检查模型、材质或灯光的不足等，指导我们做进一步修改，尽量在调高参数值之前就解决这些错误或疏漏。

⊙ 3.3 加入材质

如果模型通过检查、修改之后已经没有任何问题了，那么接下来就可以对它的材质进行编辑。

01 在编辑材质时，也有一个基本的流程，首先为物体添加一个简单的纹理贴图，其他参数保持默认值不变，如下图所示。

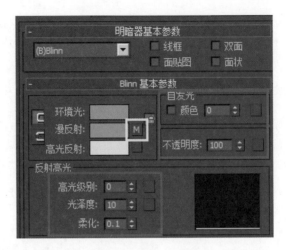

02 场景中除了这些植物，还有一些黑色的物体，它是VRay代理物体，因为面数太多，屏幕的刷新速度太慢了，我们操作起来非常困难，所以在导入某一类树种之后，直接用吸管工具单击这些树，吸取它的材质，然后为它的子材质添加贴图，如下图所示。

这些植物在导入 3ds Max 后就为它们加入了一些贴图，这样我们的材质编辑工作实际就已经节省了一大部分时间，因为这些植物太多了，大部分的时间用在调节植物的贴图上。而通过直接编辑它的贴图文件，可以节省大量的时间，剩下的工作就只需对建筑和地形进行贴图了。

03 先隐藏这些植物，现在看到的就是场景的地形和建筑，如下图所示。

 提示 对于一些暂时不需要操作的对象，可以先隐藏，以节约系统资源，提高工作效率，读者要养成良好的操作习惯。

其实地形的材质也非常简单，笔者使用的是一个混合材质，如下图所示。

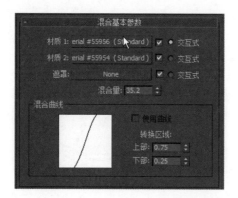

可以看一下贴图，如下图所示，这是一个树干材质，笔者想要它上面的这些植物，如果能用到我们的地形上，能够体现出非常潮湿的感觉。

04 笔者使用的是一张灰色的土地贴图，在这张贴图中，没有草的地方会露出一些土，如下图所示。

05 在两者之间的遮罩区域，笔者没有添加遮罩，因为在夏季场景中，植物是非常茂盛的，可能在视觉上根本看不出哪些地方会露出土，所以在这个地方没有添加遮罩，只调节它的混合量，如下图所示。

06 我们看一下石材的贴图，笔者连高光都没有设置，仅有一张石材的贴图。如下图所示，在Blinn基本参数中，笔者简单设置了一些高光，加入了凹凸贴图，让它在光照下能够产生一些高光的效果和凹凸感，还加入了VRay反射贴图，它是一个模糊反射，用来模拟石头上这种湿滑的感觉。

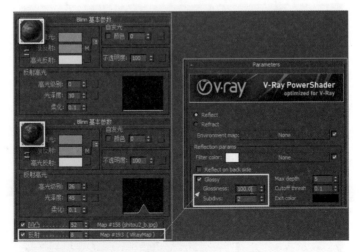

关于建筑贴图笔者使用的是 EA 素材中自带的那套贴图，因为对于我们来讲，建筑贴图的设置比配

景的制作要简单，所以在这里就不做过多的介绍。目前我们要做的就是为配景添加纹理，而不是调节它的质感，质感是通过渲染来表现的。

→ 3.4 检查材质

如下图所示，大家现在看到的这张图片，场景中某些地方的材质还有很多不足。首先画面下半部分应该有流水出现，下面的植物应该有一种非常湿润的感觉，然而在大面积的草地中笔者找不到这种湿润感。

放大上图中的黄框区域，除了这种矮小的植物，笔者还在较大的叶子上加入了反射，得到了一个非常油亮的效果，这个效果还是很不错的，如下图所示。

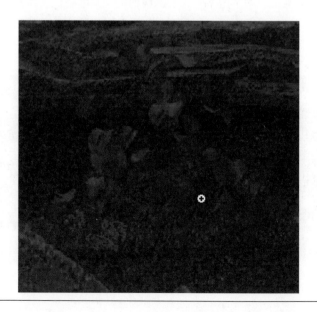

可以把它的材质同样加入到其他的植物上，比如这些小的植物，以及草地，当然也不是所有的植物都要加，根据场景的需要确定，如下图所示，像这种叶子非常小的植物不一定要加反射。

有一些植物要体现出它的干燥感，而有一些植物则要体现出它的湿润感。如下图所示，虽然这些植物都是竖直生长的，有一些与草比较像，但这种草是通过为地面的贴图加入一个置换得到的效果，从远处看比较逼真，但放大以后来看就很不自然，还需要修改。

最大的问题出在这块石头上，如下图所示，它离我们的视点非常近，虽然处在一个阴影的地方，可能在视觉方面不会引起注意，但是因为距离的原因，除了黄圈中的石头材质符合要求，其他的石头材质都需要调整。这是调节材质阶段出现的问题，在检查材质阶段要予以解决。

如下图所示，注意黄圈标示的地方，树的叶子要换，颜色要绿一些，还要加入一些植物，这就是笔者在材质阶段总结出的一些修改内容。

现在返回来看一下模型，如下图所示，最大的问题出现在这块石材上，先隐藏其他物体，单独对它进行编辑，渲染一下。目前这个效果是我们调节好的，它的贴图之前不是这样的，我们重新对它的 UV 进行了编辑，它的 UV 贴图之前比较大，然后把它缩小，让它的贴图在这块石头上产生更多的细节，同时对它的置换也进行了调整，将数量值调小。

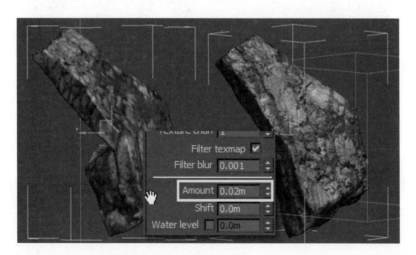

在前面讲解石头的制作和置换贴图的添加时，我们提到过，镜头远近距离不同，所渲染出来的效果也是不同的，它的细节反而会在镜头远一些的时候体现得更加真实。如下图（左）所示，场景中的这张贴图并不大，所以在镜头非常近的情况下，这些细节表现得不够。笔者也没有找一些高质量的贴图，因为目前这张贴图在场景中还是够用的。

下面看一下关于草的调节，可以把它单独显示出来，打开材质编辑器，用吸管工具吸取草的材质，笔者使用的是标准类型的贴图，如下图（右）所示。大家也可以使用 VRay 贴图。

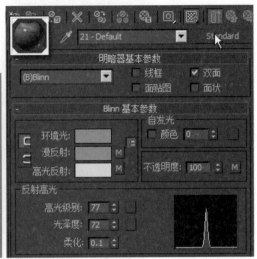

在这里笔者加入了一张树叶的贴图，读者可能认为，使用在草上并不合适，关于这样的问题其实在场景中有很多，笔者并没有把属于树叶的叶子贴图用到树上，属于草的贴图用到草上，将它们一一对应，我们可以使用其他贴图来表现，只要渲染出来的效果符合场景的需要即可。在做图的时候一定要灵活，笔者在制作这个案例时也没有太在意，我们要的是纹理，只要贴图的形状、颜色、大小合适，就可以用到场景中，如下图所示。

关于材质的检查就讲到这里。

⊙ 3.5 总结

本章讲解了 VRay 的三步法设置，在设置过程中对模型的素模进行了渲染，然后简单地加入了材质，并对它的模型和材质进行了检查。在这个过程中，笔者没有详细地讲解它的参数，更多地是在介绍制作思路和分析方法。

我们在每一个制作环节都有细节需要处理，因为细节决定成败。很多人在模型和材质阶段投入的精力都比较少，因为喜欢渲染，所以将大部分的时间和精力都放在了渲染上，从而忽略了在模型和材质制作环节应该注意的一些细节，如下图所示。

模型体现细节

材质体现质感

渲染体现氛围

后期体现感觉

 注意 在这里要强调一下，渲染只是我们烘托作品的一种手段，它并不能体现作品的细节。一幅作品的氛围及感觉是通过渲染来表现的，但是场景中的细节能不能抓住人的眼球，还要看渲染之前的工作做得扎不扎实。

很多人都喜欢在建完模型之后马上打灯光，然后对 VRay 进行设置，当然设置的方法与笔者的也差不多，设置完成后通过渲染并没有得到自己想要的效果；然后就想当然调节一些参数，可能在调节的时候，场景变亮了或者细节也体现了，但是并不知道具体是哪一个参数起到了作用。

在做一幅作品的时候，首先要进行 VRay 三步法设置。设置完成之后，如果发现图像渲染得过亮了，可以在灯光参数面板中调节倍增值的大小，如下图所示。

在渲染之后如果发现细节不足，我们可以在下图所示的面板中，将最小值、最大值设置得高一些，甚至可以提高它的细分值，也可以增加渲染细节。

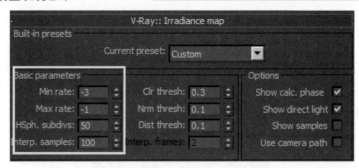

通过上面的调节就可以对图像进行很好的控制，让它不再曝光，也不再失去渲染细节，但是场景可能因此而变暗，因为对灯光的倍增值做了修改，那么在不曝光的情况下其他的地方就变暗了，这个效果不是我们想要的。我们想要的是，在整个场景亮的同时，能够看清细节，同时也不会曝光。如下图所示，可以在 VRay 颜色贴图面板中调节它的曝光方式，笔者一般使用"指数"曝光方式，如果控制住曝光，但是场景还不够亮，此时可以调节它的 Gamma 值，这样就能实现我们想要的效果，VRay 就是这么简单。

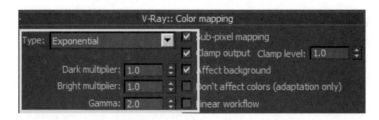

从下一章开始，笔者分别对"流水别墅"在春、夏、秋、冬 4 个季节及 4 个时间段的场景表现进行详细的讲解。清晰的思路和正确的思考方法是我们制作作品时最需要把握的要点，也是笔者一直遵守和提倡的准则。

CHAPTER
04
第4章　　　　　早春之晨

从 本章开始讲解"流水别墅"案例的实际制
作。分别按春、夏、秋、冬4个季节的自然
交替来表现场景，在讲解每一个时间段的表现之
前，有必要对每一个季节的环境做一个详细的分
析，帮助我们了解这方面的知识，这样才能更好地
把握作品的氛围和意境。

4.1 早春的清晨环境

首先让我们了解一下春天的节气和特征，本章要表现的是流水别墅"早春之晨"的场景。

笔者想表现的是早春的早晨，那么早春也就是我们常说的立春，属于春季的第1个节气，也就是冬季刚过，春天刚刚到来的那个时间段。

立春节气，意味着东风送暖，大地开始解冻，最主要的特征是河里的冰开始融化，地面上的雪也逐渐变少，但是在这个时间段，水面上还有未完全融化的碎冰片，整个场景看起来更像是在冬天。

笔者在网上找了一些图片，让大家更深入地了解早春带给我们的感觉。

如下图（左）所示，大家看到的这张图片，是一个公园的场景，在公园里很多地方都有积雪，虽然水面看不太清，但是在路面上很多地方都有积雪，这种自然景观并不是只有冬季下雪时才会有，早春时同样具有这个特征，这时的雪还没有完全融化。

再来看一下其他的图片，如下图（右）所示，这是一张油画，它所体现出来的也是一个早春的节气，我们看到河面上还有很多积雪，陆地上也有积雪。

如下图所示，这是一张实景照片，能很明显地看到这些树都是光秃秃的，没有叶子，水面上结了一层厚厚的冰，地面上的植物也都是干枯的，有一种很冷的感觉，从全景上看早春这个节气给我们的感觉完全没有生机。

再来看一张图片，如下图所示，这是一张拍摄于农村的照片，通过地面及植物能体会到这个节气带给我们的感觉。

如下图所示，这是一个特写镜头，也就是说在早春时段，在冬季刚刚过去的时候，地面上会有很多干枯的叶子，同时一些嫩草会从地底下钻出来。

上面这些图片表现的都是一种乡村的环境，接下来我们看一看早春时城市的环境表现。

　　如下图所示，从人们的衣着能够感觉出来天气还是比较寒冷的，但是如果在照片中没有加入人物，该如何判断此场景为早春的时节呢？还是从地面来分析，地面上有一些植物是没有叶子的，在秋季的时候由于叶子逐渐凋零，到了冬季，大部分的叶子都掉落在地上，到春季春暖花开的时候，这些树并没有生出嫩芽的迹象，所以从这几个方面可以判断这是一个早春的时节。

　　我们还可以从天空或者是这种冷色调上找感觉。因为从季节过渡方面来讲，从春季开始，阳光给我们的感觉都是逐渐偏向于暖色，而到了秋季的时候阳光则会从暖色逐渐过渡到冷色。从目前这张图片来看，除了这些植物偏黄偏绿之外，天空、地面这些区域所呈现出来的颜色是一种冷色调，可以通过这些信息把握时间段。

　　如下图所示，图片中的场景处于清晨的时间段，虽然植物比较少，但是通过仅有的这些植物能够看出它目前处于早春时节，整个气候、环境又是一个很冷的感觉，这就是早春的特征。

作为建筑表现，大多数时候我们的主体就是建筑。这里笔者也找了一些关于建筑方面的图片，如下图（左）所示，虽然植物在前面，但是照片中建筑也占了一大部分，天空稍微蓝一些，植物也比较绿，阳光照在建筑上，呈现出一种暖色，但是这种暖色也仅限于阳光直射到的部分，而反射的部分逐渐过渡到冷色调。

如下图（右）所示，这是一张居民小区的照片，场景中的阳光感不是很强，它处在一个背光的部分，植物的叶片掉落得也不是很多，用之前分析的方法来判断，这也是一个早春的场景。

如下图所示，这张图片拍摄于浙江绍兴，之前所看到的图片大部分都是在我国北方拍摄的，南方和北方虽然都有春、夏、秋、冬这4个季节，但是每一个季节所呈现出来的感觉却是完全不同的。

从这张图片可以看出，场景中的植物在早春的时候还是比较绿的，与北方比起来，差别比较大，因为在北方的冬季，植物的叶子几乎全部掉落，很干枯，到了春季才开始逐渐长出来，但是南方却不是这样的。我们可以通过光影来判断光源的位置及冷暖，之前也讲过，从春季到夏季，这是一个由冷光源变为暖光源的过程，然后从秋季到冬季，又是一个由暖光源变为冷光源的过程。既然早春时节光源呈现出的是一种冷色的感觉，那么此时场景中的光源和天空会呈现出一片很白的颜色，这并不是拍摄者有意处理的结果，而是现实生活中的客观表现，我们平时可以在每个季节、每天中的每个时间段去观察。

打开流水别墅的场景图，如下图所示，在这个时节，场景中有背景光源、环境雾，以及地上的积雪，还有一些枯萎的叶子，通过这些信息，我们已经判断出这是早春的特征，那么接下来将根据这些特征表现出这种感觉。

关于清晨环境的分析就讲到这里。

4.1.1 早春的时间分析

前面已经对早春的清晨环境分析了一遍。那么在大环境的基础上，还分很多细节，在本小节中将对早春时节每一天的时间段进行分析。

这个时间是通过阴影来判断阳光的位置、高度，从而得到的大概时间段，如下图所示。如果是在阴天的环境下，没有阴影，那么我们无法判断此时的时间。

找一些光影比较强的图片，来判断一下场景所处的时间段，如下图（左）所示，这张照片刚才已经

看过了，建筑上有一些暖光源，而其他大部分区域都处在阴影下，可见此时不是清晨就是傍晚。清晨和傍晚有时候是很难分辨的，因为场景中的光影、阴影几乎相同，而且都属于暖色调。大家看到图片中央的这个建筑（黄框内），这是北京的一个标志性建筑，在它的左侧是西面，右侧是东面，所以判断这张照片中的场景应该处在黄昏的时间段。

再来看一下其他的图片，如下图（右）所示，这些灌木的阴影很短，在这里我们还看到了一棵树的阴影，但阴影并不长，通过这个时间来判断，它应该是早春的一个上午。

早春和夏季的阴影是不同的，放大上图（右）红框内的区域，放大以后图片可能有些模糊，但是可以看到它的阴影边缘并不锐利，而且颜色也比较淡，不是很深，如下图所示。这是春天的一些特征，与夏季的阴影是不同的。

为了证实这一点，我们继续看其他的图片，如下图（左）所示，这张图片中没有建筑，也无法分辨它的东南西北，但是通过拉长的阴影（红框内），可以判断应该是在上午10点或者下午14点左右，这里分析出的只是大概的时间段，我们无法判断准确的时间，但是在做作品的时候，要有这种意识，不能忽略时间的表现。

如下图（右）所示，在箭头所指的这个地方，正处在一个阴影区域，也就是这棵树产生的阴影，这里的阴影也不是很深。

在本小节我们通过光影的方向来判断太阳的高度，并且也知道了通过建筑来分清东南西北，最终判断出这张图片的场景处在一个什么时间段。

关于早春时间的分析就讲到这里。

4.1.2 早春的气候分析

早春的气候是比较干燥的，在北方，我们所看到的任何景物，带给人们的感觉都是非常干燥的，没有生机。

正如大家看到的这张图片一样，如下图所示，石头表面显得很干涩，包括这些已经枯萎的草，还有新生长出来的这些草，给人的感觉并不是很湿润。虽然这里有一些水，在一定程度上可以弥补这种干燥的气候，但对于整个环境来讲还是不够。

当你呼吸这种空气的时候，会感觉鼻子里面特别干涩，还夹杂着一丝冷气，这就是从冬季过渡来的这种气候。

如下图所示，看这些图片，放大一下，从颜色上看都不会带给我们那种湿润的感觉，包括有水的场景，它一样干燥，在南方还好一些，因为植物不会像北方那样变得干枯，空气也比北方湿润，所以在南方，这4个季节的变化没有北方明显。

早春的气候就是这样，大家在表现时要注意它的干燥该如何体现。好，这一节就讲到这里。

4.1.3 早春的空气密度分析

在春天，我们几乎看不到蓝蓝的天空，这就和它的空气密度有关。如下图所示，看一下这张图片，太阳没有出来，但是为什么天空会这么白，这是因为它的空气密度太大了，就好像有一层云把它遮挡住了，如下图所示。

如下图（左）所示，看一下这张图片，它的背景也是一片白。

如下图（右）所示，这张图片的场景虽然处在黄昏时段，但是天空给我们的感觉也是雾蒙蒙的，并不清新，包括天空和地面也都有一种雾蒙蒙的感觉，它的空气密度太大。

　　尤其是在春天，一些村庄的村民，在早晨生火做饭的时候，远远会看到有很多烟雾笼罩村庄，这些烟雾不容易消散。不仅在乡村里，可以通过烟雾来体现这种密度，在很多地方也会自然生成这种雾效，也就是它的大气效果，如下图所示。

　　这种体积光的效果在树林里经常看到，这就是空气的密度带给我们的一些效果。像之前所用的这张图片，如下图所示，这都是早春时节才有的这种效果。如果能够抓住这个特点并运用好，那么表现出来的场景是很有美感的。

　　本节对早春的节气、时间、气候，以及它的空气密度进行了详细的分析，在做效果图表现的时候，很多人忽略了这些问题，甚至从来没有考虑过它的时间、气候等特征。其实这些特征如果表现到位，会很容易得到你要表达的这种感觉。

　　关于早春之晨的环境分析就讲到这里。

4.2 搭建"早春之晨"的场景

　　本节我们开始搭建"早春之晨"的场景，在后面笔者会按照制作顺序来进行详细的讲解。

　　笔者首先介绍在制作这个案例时的一些想法和思路。如下图（左）所示，大家现在看到的这张图片是 EA 那套素材中的流水别墅，笔者对它进行了简单的渲染，可以说这套素材做得还是很不错的，从各方面来看，质量都很高，但是笔者不满意的地方是它的时间段没有把握好。

　　通过之前几节内容的分析，发现这张图片有夏季场景的特征，比如它有一个明显的光线对比，亮部和暗部的对比很强烈，包括这里有很绿的植物，有水，给人的感觉很湿润，阳光也很明媚；但是观察建筑以上的部分，它的树都是光秃秃的，没有叶子，这明显是冬季场景的特征，建筑以下又像是一个夏季的场景，比较混乱，所以这个时间段没有把握好。

　　本书主要表现流水别墅在春季中的场景，对季节、时间段的把握非常重要。本书中笔者只借用它的建筑和一些比较碎的石头，这些石头的制作和处理是一项庞大的工程，我们没有必要将时间和精力花在这里。

　　先整理一下它的场景，保留石头和建筑，这些是我们想要的。在渲染设置里有些参数也可以忽略，将来我们自己设置，如下图（右）所示。

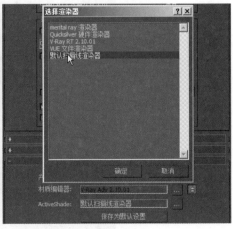

4.2.1 创建基础地形

关于石头材质的制作方法，我们之前已经讲解过了，这里就不再赘述。

本节的重要内容是将地形创建好，在这个场景中有一架摄影机，可以先将它显示出来，然后删除，如下图所示。

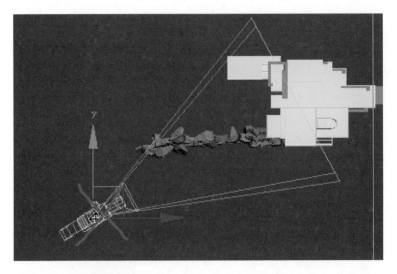

先隐藏这些石头。这个地形需要借鉴参考图片来创建，不能随意去做。我们看一下这张图片，如下图所示，在下方有一些石头，凹陷进去之后，还有一些石头应该是平齐的；然后接下来是一个平面，上面有流水经过，这就是地形的基本走向。在右侧看不到的部分，可以做出一个坡度，在前面放一些矮小的植物，将这里覆盖就可以了，先把它移到一边。

01 现在创建它的基础地形。我们使用一个平面物体，放到下图所示的位置，向下移动一些。

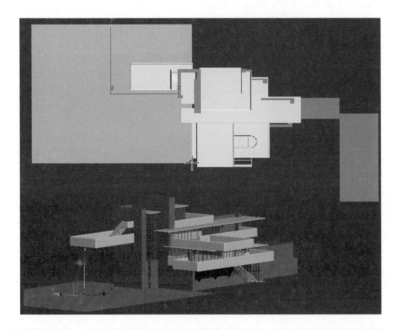

02 看一下它的地面高度，石材的高度在这个支撑点的下方，也可以将地面移到这里，如下图所示。

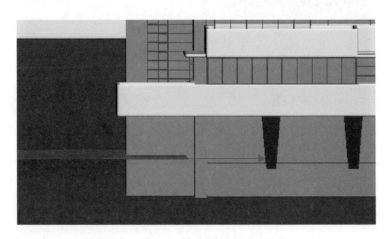

图片中它有一个弧度，如下图所示，我们之前分析过这个石材。

03 取消它的段数，在这里可以复制出一条边，让它凸出一些，如下图所示，将它向后移动，这就是地形的大致方向。

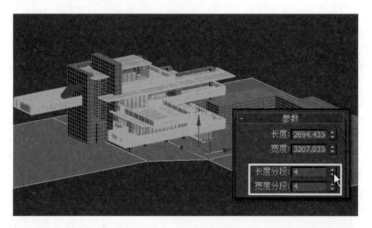

04 接下来需要确定它的厚度，选择上面的这些线并向下复制，注意观察它的厚度，如下图所示，还可以再往下一点。

05 在这里可以增加一条线段，如下图所示，将平面抬高一些。

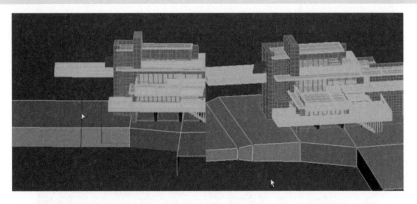

06 下面的平面也按同样的方法处理，但是为了考虑将来渲染的时候不会漏光，而隐约看到下方的石材，在下方也要制作一个实体的模型，它的角度可以向下倾斜一点，在大概的方向确定好之后，可以将这个物体向下复制一个，如下图所示。

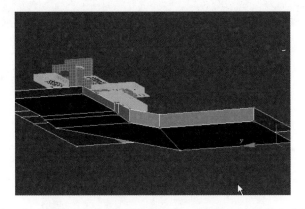

观察下方的这个石材，在这里隐约可以看到一些石头，我们也可以将它们制作出来，薄一些，不要太厚。

07 再制作它的平面，这里将来要考虑到流水的流向，这个平面并不是很平坦，有些地方会有一些凸起，使这些水沿着这个平面的最低处向下流。我们直接在平面上创建一个平面物体，将它移动到最底端，如下图所示。

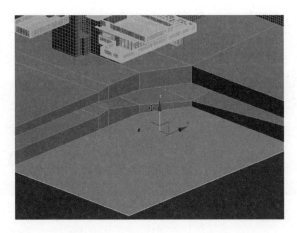

08 为平面增加一些段数，然后转换为可编辑多边形，如下图所示。

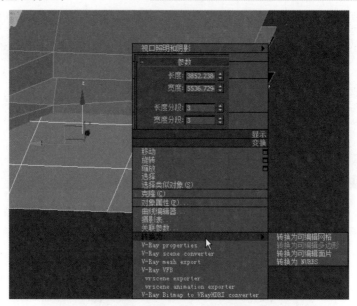

09 上面的水会流下来，而且会继续往下流，说明石材有高低起伏的变化，可以根据参考图片调节地形，如下图所示。

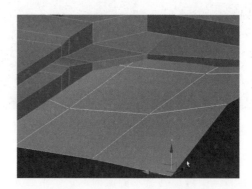

10 如下图所示，我们现在做的这部分将来要放一些前景植物，它也有一个地面，上面会有一些植物和石头，这里可以向外扩展一些，因为它的位置离我们比较近，看到的面积会大一些。

以上就是基础地形的创建方法。

接下来的操作就要用到制作石材时使用的方法了，简单举一个例子，比如下图（左）所示的这个地面，为了增加它的细分，我们可以添加一个"涡轮平滑"修改器，让它的迭代次数高一些，这里产生了一些圆角。

如果不让它产生圆角，则可以在边角处多加一些线，如下图（右）所示。

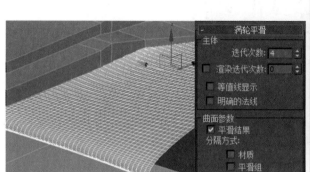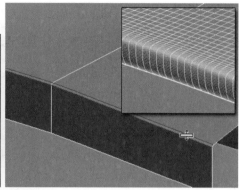

然后可以加一个"噪波"修改器，提高它在 x、y、z 轴上的强度，勾选"分形"选项，如下图（左）所示。还可以在它的物体上面再加一个"编辑多边形"修改器，使用它的绘制变形功能，对一些细小的区域进行推拉，如下图（右）所示。

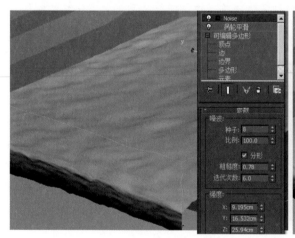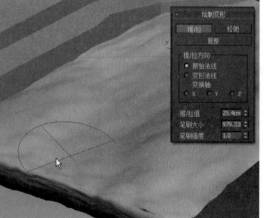

石材表面凹凸的处理就讲到这里。

4.2.2 导入植物素材

本小节还是使用这个场景来讲解关于素材的导入操作。本案例使用的是 EA 中的植物素材，可以使用 3ds Max 中的"合并"命令完成导入操作，如下图所示。

导入之后可以对植物的材质进行吸取和调节，这个方法其实很多人都会，但是在这个案例中，有大量的植物是通过树木风暴插件制作的，所以它的导入方式会有一些区别。

01 安装了树木风暴插件之后，可以在3ds Max的创建面板下找到树木风暴，如下图所示。

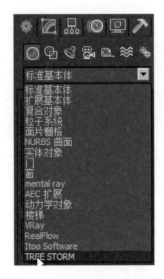

02 选择该插件，用鼠标指针在一个空白的位置随意单击，这棵树就是我们创建出来的物体，以三维模型的方式显示，如下图所示。

03 如下图所示，单击Tree按钮，选择我们的植物，笔者选择一棵比较大的植物，如下图所示。

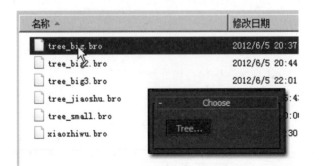

04 我们表现的是早春场景，如下图所示，这些树叶显得太多了，要修改一下，将所有的UV项都勾选上，目前树叶有83万多片，可以让它少一些，现在是10万多片，可以再少一些，看一下效果，发现还是有点多，再来调节一下，这样就差不多了，这就是调节植物素材的一种方法。

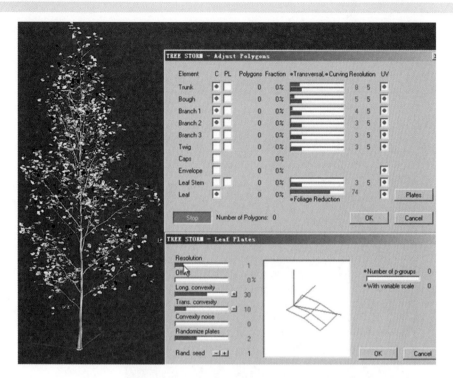

05 场景中有这么多植物，将来在调节材质的时候会很麻烦，可以打开材质编辑器，用吸管工具吸取它的材质，如下图所示。

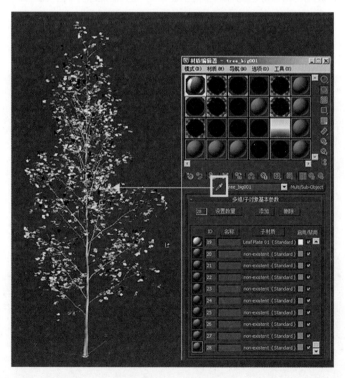

06 如下图（左）所示，这是它的树叶材质，上面这些是它的树干及树枝，观察一下图片，先将它放到最后面，这是一棵比较大的植物，在摆放的同时要特别注意，树根一定要插在物体里，不能悬浮在上面。

07 可以将它放大一些，效果会更好，要想使我们的作品内容非常丰富，只有一种植物是远远不够的，还需要导入其他类型的植物，继续单击Tree按钮，如下图（右）所示。

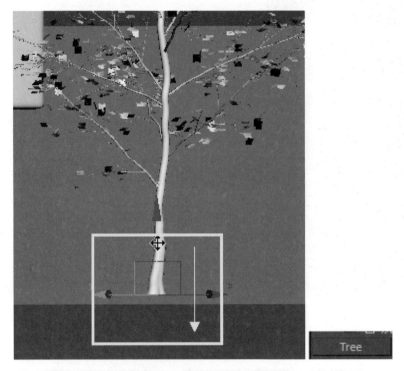

08 创建一棵树，发现它的叶子也非常多，我们来修改一下，让它再少一些，同样将它摆放到一个位置，可以再创建一棵小一些的树，放在它的周围，如下图所示。

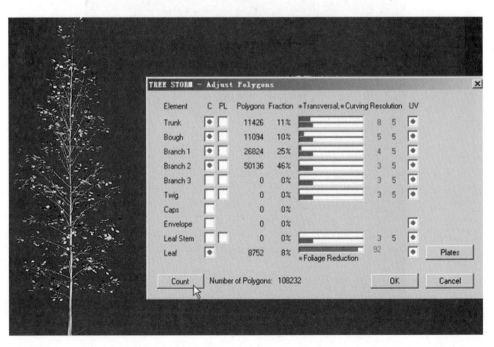

09 再来创建第3种树，这棵树的叶子也非常多，导致电脑的运行速度变慢，直接修改它的叶片数量，如下图所示。

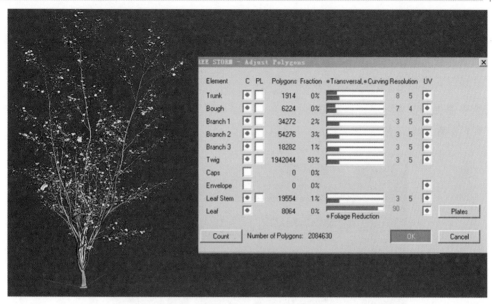

10 可以将这棵树放在后面，用缩放工具放大，如下图所示。打开材质编辑器，选择第2个材质球，这些材质暂时放在一边，已经指定了UV，我们将在下一节中详细讲解它的材质调节方法，这里仅介绍导入植物素材的方法。

至于其他的素材，比如 EA 的一些室外植物素材，其导入方法也非常简单，导入 3ds Max 之后同样也是吸取材质，再把它放到场景里。大家看到，每一类植物笔者只导入了一个，在编辑完材质之后再把这些植物分类摆放好，多复制出来一些，虽然这些工作非常繁琐，场景也变得异常复杂，但是由于这种思路和工作习惯逐渐养成，我们能更加轻松地应对这样的复杂场景。

关于植物素材的导入就讲到这里。

4.2.3 整理场景

在工作的时候一定要习惯整理场景，因为我们的场景往往从零开始，物体越来越多，有时候连选择物体都会很不方便，所以一定要养成良好的习惯，随时整理好场景，使选择物体等基本操作变得快捷、方便，而且通过这样的整理还有助于内存在读取场景数据时能更流畅一些。

场景的整理其实是通过层管理器完成的，在默认状态下，层管理器不会对我们的场景进行整理，不会分层，我们的整理全部都在默认层，如下图所示，必须手工进行整理。

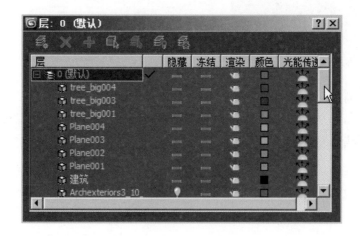

看一下这里面的物体，全部都在这里，以本例的场景为例，笔者分了很多层，建筑为一层，地形为一层，植物为一层；植物有很多种，比如非常高的树、远景树、近景树、中景树等，这些笔者都分了层，而且还包括一些动态的植物，有一些是静态的植物，这些都进行了详细的分层，大大方便了选择。

要创建层，可以先选择这个建筑，单击"创建新层"按钮创建新层，然后修改它的名称为"建筑"，选择这个建筑层，右侧出现了"√"标记，表示处在当前层，再单击"+"按钮，添加选定对象到高亮层，也就是建筑层，如下图所示。

那么选择的建筑物体就归到"建筑"层了，如下图（左）所示。单击右侧的隐藏图标，可以隐藏建筑，如下图（右）所示。

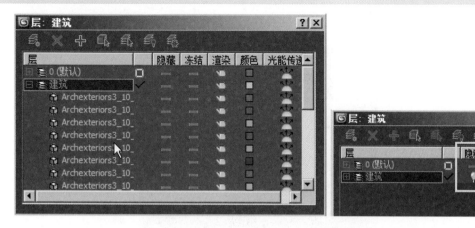

如下图所示，可以选择地形，创建一个"地形"层。再创建植物层，最好设置一个比较好记的名称，能够区分远景动态植物，如下图所示。

还有一些是我们隐藏了的石材，这些石材将来要放到这里，如下图所示。场景中如果没有任何完善的物体，石材就先放在一边，等这些配景完全做好之后，把石材摆放到这里。

然后对石材进行编辑，比如对部分石头进行复制、旋转、缩放等操作，这些都可以自己去调节，如下图所示。

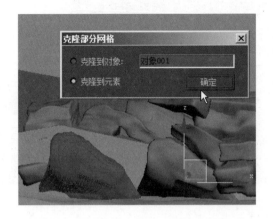

4.3 调节早春场景中的材质

本节还是使用这个树模型来进行调节，原模型的物体数量太多，重复性的工作也很多，没有必要一一进行说明。

我们按照顺序，先为它添加纹理，然后再设置灯光、VRay 的参数，最后配合灯光来调整它的质感。

01 先加入它的纹理，很简单，之前已经吸取了这些树的材质，打开材质编辑器，如下图所示，这3个材质球就是这3棵树的材质。

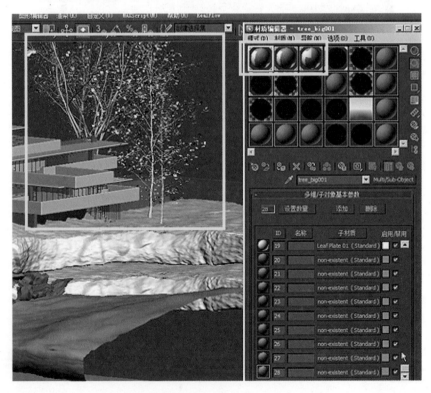

02 可以选择其中一个材质球，然后选择它的树干，为它加入材质，再选择一张位图作为树干的材质，如下图所示。

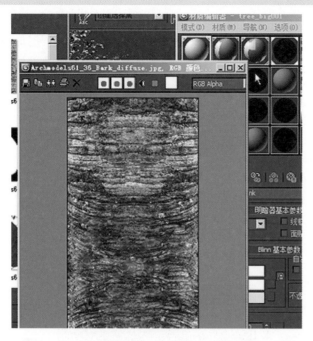

03 在显示面板中，我们显示一下它的材质，在这里可以多设置一些段数，这就是树干纹理，如下图所示。

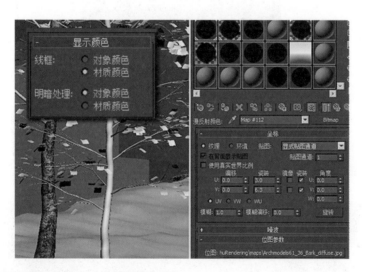

其他的树枝使用同样的纹理进行复制就可以了。

树叶贴图，也是之前找好的，根据我们要表现的这片树叶的颜色深浅来选择素材，如下图所示。

Archmodels61_...　　Archmodels61_...

在早春这个时节，新生长出来的嫩叶应该是很小的，但是场景中没有小的叶子，都是大叶子，这些叶子属于比较干枯的那种，如下图所示，选择发黄的这种叶片，同时为它加入不透明度贴图。

chun_ye1   Archmodels61_...

里面的一些参数暂时不用调节，在将来打灯光的时候再配合灯光和 VRay 的参数进行调节。现在要做的工作就是为它添加纹理。

我们来看一下它的石材，笔者为它设置了一种颜色，里面没有贴图，可以选择下图所示的纹理贴图。

04打开纹理贴图，由于对地形物体进行过编辑，因此它的UV被完全破坏了，如下图所示。

05现在为它加入UV，并对它的UV进行修正。在讲解石头的制作方法时，笔者也提到过对它的UV进行编辑，我们最终选择的是一个平视的角度，这里将它的UV旋转一下，如下图所示。

同样下面这个物体的 UV 也要调整一下。如下图所示,之前在这里摆放了一些比较碎的石头,可以对这些石头进行复制、旋转、缩放等操作,将其他区域的石头也补充完整,在补充的时候并不是简单进行复制,而是要考虑到有的地方石头比较多,有的地方石头比较少。在摆放素材的时候也要注意,石头来自于大自然,它的摆放不可能那样规整。

06 赋予石头一个材质,由于我们的场景之前借用的是EA素材中的模型,所以有一些UV已经编辑好了,目前看到的这块石头的纹理大小还是可以的,如下图所示。如果觉得下面这些小的石头的纹理和上面的有区别,也可以替换成其他纹理。

07 再看一下地面的材质,打开材质编辑器,这是EA素材中原有的一个材质,先将它删除,然后加入另一张贴图,如下图所示。

08 上面的贴图是笔者单独制作的，它本身的材质来自于石头，在Photoshop中经过处理后，变成了一张无缝纹理贴图，黑色的区域表示流水经过的地方，先将它贴到地面上，看一下效果，如下图所示。当然目前的UV不太正确，可以重新添加UV并移动一下位置。

下面这个石材的纹理调节方法与上面的步骤是相同的。如下图所示，下面这个石材在将来会增加很多石头和草地，会将这里覆盖，因此也可以直接使用石头的纹理，不管选用哪一种材质，只要能达到我们想要的效果就可以了。

在早春时节，由于冬季刚过，有一些冰或者雪还没有完全融化，我们将在这个场景中添加一个冰面，来增加早春的氛围和气息。在这个模型中，如果用材质来表现冰面，可能会有一些难度，因为在这个材质上已经有了水打湿的痕迹，一种方法是可以通过贴图实现这种冰面的效果；另一方法是可以在模型的基础上再增加一个模型来进行贴图，笔者选择的是第 2 种方法。

01 在3ds Max的创建物体面板中选择"平面"，在场景中创建一个平面并旋转一下，如下图所示。

02 当笔者添加平面的时候，我们可以看到，这个石材物体的坡度不太合适，可以再调整一下它的位置及贴图的位置，如下图所示。

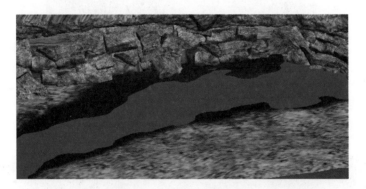

03 如下图所示，冰面一定要和这里平齐，可以将它转换为可编辑多边形，修改一下。

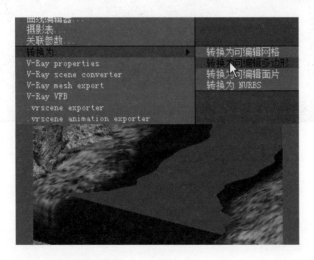

04 接下来为它添加材质，这里已经找好了冰面的贴图，看一下这两张图片，如下图所示。

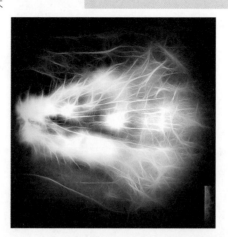

05 选择右边的这一张贴图，修改一下它的UV，还可以在它的不透明度通道上添加左边的这张黑白贴图，看一下效果，让它大一些，可以将它旋转180°，翻转它的纹理，如下图所示。

这里的一些参数先不调节，将来配合渲染时再调，以上就是冰面的材质调节方法。

4.4 VRay三步法设置

在之前的章节中已经对 VRay 三步法设置进行了详细的讲解，本节我们就用这种方法来实际操作一遍，对"早春之晨"场景做 VRay 设置。

首先要创建一盏灯光，这里笔者选择使用 VRaySun，这是一个早春的清晨，清晨的太阳，它的位置应该不会太高，之前也讲过时间盘，按它的方位来判断太阳的位置应该是在这边，如下图所示，我们在它的右侧创建一盏 VRay 阳光，然后调节它的高度。

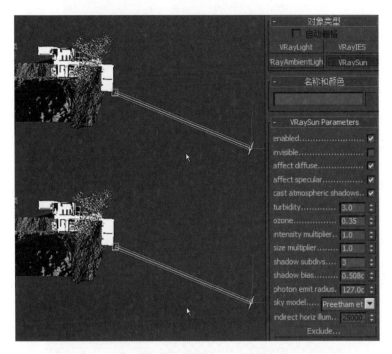

01 现在场景中没有摄影机，可以设置一架摄影机，一般的做法是在摄影机视图中创建一盏目标摄影机，那么也可以进入透视图，然后旋转或推拉视图，调整到自己满意的角度即可，然后按Ctrl+C组合键快速创建一架摄影机，如下图所示。

02 在这里选择VRay渲染器，打开它的GI，选择一个比较低的参数值，如下图所示。

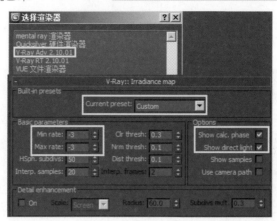

03 先渲染测试一下，现在通过光子我们看到了它的效果，画面很白，如下图所示，这说明灯光可能太亮了。

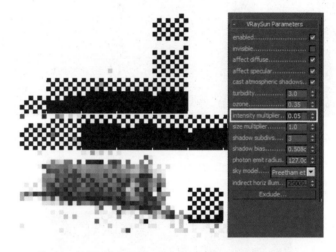

04 选择VRaySun，调节一下它的倍增器值，笔者一般会将它设置为0.05，再次渲染，这一次的效果要好很多，如下图所示。

05 此时物体的亮部显得过亮，如果将来再考虑增加它的倍增值，这里就会曝光，为了配合后期调整，在VRay选项卡下将曝光方式设置为"指数"曝光，如下图所示。

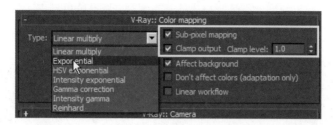

06 通过曝光设置后，再次渲染，发现光线的亮度显然不够，整个场景看起来缺乏阳光的感觉，所以既要考虑对曝光的控制，又要考虑整体的阳光感，如下图所示。

07 将倍增器值增加到0.1，然后渲染场景，现在亮部的亮度没那么强烈了，如下图所示。

这就是 VRay 三步法设置在实际案例中的应用，其他的场景也是这样设置，用这种思路和方法调节非常简单。

<hr>

⊙ 4.5 调节早春配景的质感

从本节开始我们将对场景中物体的质感进行调节。

我们的场景主要包括植物、石材和建筑3大部分。当然，在冬季和早春时节，场景中还会有雪地、冰面等材质。

在调节材质质感之前，先分析一下这些材质的基本属性，以及将要做的工作。首先看一下它的建筑部分，建筑的材质很简单，有一些文化石、涂料、玻璃，还有金属窗框，如下图所示。

场景中的植物有树木、草地、干枯的树叶或树枝等，它的材质包括树干和树叶的材质，大家都知道，树干材质的表面是很粗糙的，会有表面纹理和凹凸纹理，同时它还有非常微弱的高光，树叶的材质也有表面纹理和凹凸纹理，同时也有一些高光，如下图所示。

除了表面纹理和凹凸纹理两个相对固定的设置外，对于高光值的调节，调多少才合适呢？春季、夏季、秋季和冬季，都是不一样的。高光及反射的调节，能体现植物的叶子是否够新鲜，通过叶子表面的颜色和光泽度我们还可以判断它所处的季节，在做不同季节的表现时需要注意。

石材部分，石材具有纹理、凹凸，以及置换，当然它也会有一些高光，它的高光和树干的高光有一些类似，它的表面比较粗糙，高光不是那么强，这是石材的一个特点，如下图所示。

冰面材质，我们在上一节为它加入了纹理和不透明度纹理，当然它也具有一些反射，但是它的反射不会像水面那样纯净。因为冰层里含有许多杂质，大小不一的杂质会使冰层的表面看起来是平的，但是它有非常细小的光线折射和反射效果，所以一般它的反射都不会那么纯净，有一些类似于模糊反射的效果，这就是冰面的一个特性，如下图（左）所示。

雪地材质的高光很强烈，在我们的眼睛与太阳形成一个夹角的时候，此时看雪地，会非常亮，非常刺眼，在微距条件下观察它，会有很多小颗粒，每一个小颗粒都闪闪发光，还带有一些反射，但是这种反射由于它自身的凹凸，也不会产生像水面或镜子一样的反射效果，几乎是看不到反射效果的，如下图（右）所示。

这就是场景中的 4 种材质。从下一节开始我们对这 4 种材质的调节进行详细的讲解。

4.5.1 调节植物的质感

本小节调节植物的质感。

以下图所示的这棵树为例，其质感与它离视点的远近也是有关系的，如果离得太近，树木的表现就像是一个特写镜头，我们就要对它的质感进行深入调节。目前的这个场景，它的植物离视点非常远，很多细节可以忽略。

在远近不同的场景中，植物质感的调节方法也不同。如果植物在远处，简单地添加一个纹理就可以了，要调节的地方不会太多；如果植物离视点很近，就需要深入调节植物材质了。将场景中的树木放大，渲染一下，发现有些细节还远远不够，现在为它添加一个凹凸纹理来看一下效果，渲染一下，渲染出来的这张图像并不明显，需要再增加一些凹凸，再次渲染，这时凹凸效果就比较明显了，如下图所示。

这种凹凸效果还不够理想，可以为它添加一个置换，但是对于树木风暴插件中的这种植物，它本身可以通过这款插件进行编辑，笔者建议最好不要在这个物体上去加入其他命令，有时候计算会出错，除非将它转换为网格物体，但是那样就不会产生动画，大家可以根据具体情况进行选择。

01 可以直接在它的置换通道上添加一张贴图，如下图所示。

02 将数量值调小一些，渲染场景，加入置换之后渲染速度变得非常慢，而且通过光子图看到它的置换效果不理想，置换贴图已经严重变形，如下图（左）所示。

03 将数量值再调小一些，改为1，渲染一下，这次的效果就很好了，如下图（右）所示。

04 但是这张贴图不太合适，可以改成下图所示的纹理。

05 渲染一次，通过置换以后得到的这个效果还是很不错的，但是它在竖向上的纹理显得太长，可以修改一下它的参数值，渲染一下，现在的效果符合要求了，如下图所示。

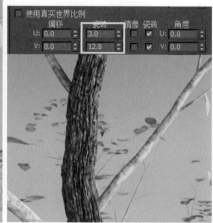

06 其他一些分枝的贴图，可以使用步骤01~05的方法进行处理，以"实例"的方式复制这些贴图，如下图所示。

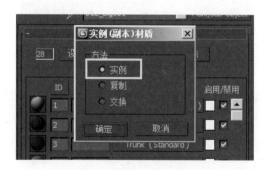

07 渲染一下，从目前的计算速度来看，这种调节方式非常不适合有大量植物的情况，会影响渲染时间和计算速度，对于这种树木，如下图（左）所示，它更适合使用之前的纹理调节方法。

08 考虑到场景中这样的树非常多，所以笔者还是取消了置换，如下图（右）所示。

Archmodels61_...

在本书的场景中，树木离我们的视点比较远，所以没有必要处理细节，在这里是想介绍置换贴图的调节方法，在真正的制作中我们没有使用置换。

关于树干材质的调节就讲到这里。

我们看一下树叶，目前树叶只有一张贴图，没有任何高光及凹凸，如下图所示。

01 先为它设置一些高光，不要太多，稍微有一些就可以，渲染一下，表现出的效果并不明显，如下图所示。

02 如下图所示，将它复制一个，先放到这里，把它的高光值再调高一些，从材质球上可以看到，此时高光已经非常亮，再渲染一下，然后与之前渲染的效果进行对比，发现效果差不多，区别并不明显；但是左上角的这两片叶子（黄框内），它的亮度不一样，这是因为目前的这个角度，与阳光、我们的视角正好形成一个夹角，所以产生的高光也是不同的，而其他的叶子却没有形成这种夹角，这样与之前渲染的效果也就没有明显的区别。

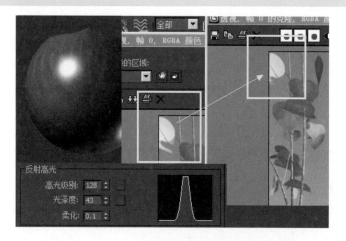

03再为它加入一个凹凸纹理，这是一张黑白贴图，在材质球上显示的凹凸效果已经很明显了，如下图所示。

04渲染一次，在渲染出的图像中，效果依然不明显。接下来将它的凹凸贴图加入置换通道中，设置数量值为1，渲染场景，此时的效果就很明显了，如下图所示。

现在能够看清它的叶脉，但是其他的地方也产生了一些凹凸，同时我们在渲染的时候发现，渲染速度也比之前慢了很多。对于这种逼真的凹凸效果，或者说要想表现出这种高质量的凹凸效果，如果不是特写镜头，笔者还是建议给一个简单的材质，然后稍微给一些高光就可以了，以提高渲染速度。

05再来看一下它的反射，如果使用VRay渲染器，就需要为它加入VRayMap材质，渲染一次，如下图所示。

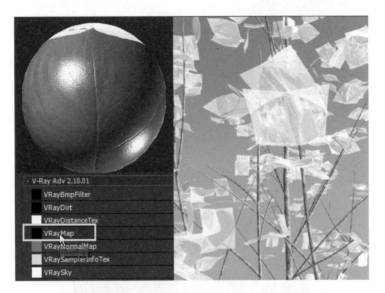

06现在树叶的反射太强了，将反射值设置为20，渲染一次，在渲染中叶子的边缘产生了这些半透明的物体，是因为在它的高光反射通道中，也有一个半透明的材质，将它拖曳过来，如下图所示。

07从渲染出的图像来看，目前的反射强度还可以，但是笔者想让它变得模糊一些，可以在反射栏中勾选"光泽度"选项，让它产生一些模糊效果。这个光泽度的值越大，产生的模糊效果就越强，这里调节为1000，这个数值对于渲染速度没有太大的影响。最主要的是细分，默认值是50，已经非常高了，一般设置为3，如下图所示。

再次渲染一下，发现速度变慢了，与加入置换后的渲染速度差不多，然而从渲染效果来看，它的反射效果也不那么强，所以在调节树这种材质时，如果不是特写镜头，目前的这些工作都可以不做。

关于植物质感调节的操作就讲到这里。

4.5.2 调节石头的质感

石头和植物相比，其材质的调节要简单一些，石头也有自身的属性，比如它的纹理、凹凸、置换，还有一点要考虑到，在我们的场景中，石头上是有流水经过的，所以在流水经过的地方会有一些打湿的痕迹，结合季节的变化，比如在冬天或者早春时节，打湿的地方会结冰，此时会产生反射现象，这些都要考虑到。本节学习石头质感的调节。

01 目前这个石头模型上，只有纹理、凹凸和置换，但是在导入这个模型的时候，它的贴图丢失了，现在再次加入进来，可以渲染一次，但是这个效果一般，如下图所示。我们主要观察它的表面凹凸效果。

02 至于石头的高光，可以通过它的反射和光泽度来控制，可以为它设置一些反射，然后调节一下光泽度，如下图所示，材质球表面就有了水打湿过的效果。

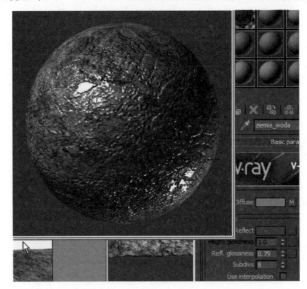

03 现在这块石头所在的位置与目前这个季节的场景不相符，需要让它在局部产生这种打湿的效果。可以先将这个材质进行复制，将原材质的参数值改回原始状态，不要让它产生高光，然后将这个物体其中的某一部分分离出来，如下图所示。

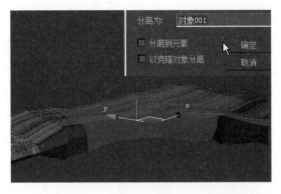

04 同时在堆栈器中为它加入下图所示的这些修改器，现在分离出来的石材就完全与旁边的这个石材匹配在一起了。

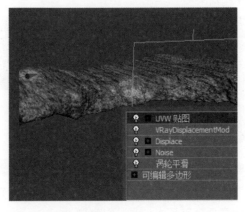

05 这里会有一些反射，如果在反射的基础上再加入置换，那么处理速度会变得非常慢，所以暂

时将它的VRay置换关闭，不让它产生置换效果，如下图所示。观察一下取消置换以后的效果，与边上的这个石材是否一致，渲染一下。

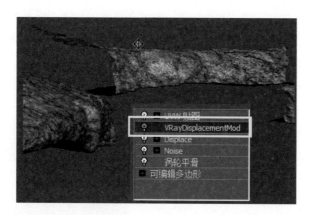

06 分离的石材与旁边的石材完美结合在一起，选择中间这块物体，将上面已经调节的这个材质赋予它，如下图（左）所示。再渲染一次，发现它的表面上像是覆盖了一层冰，如下图（右）所示，但是这个反射太强了。

07 可以调整它的反射强度，也可以调整它的光泽度，让它不这么亮，还可以勾选"菲涅耳反射"选项。我们看到，在启用了"菲涅耳反射"之后，材质球的反射没那么明显了，但是它的渲染效果和之前的差不多，那么就要增加反射强度，渲染一下，观察场景，在它的背光部分，它和旁边的石材没有太大的区别，但稍微有一些反射，上面的平面部分会反射到很强的天光，如下图所示。

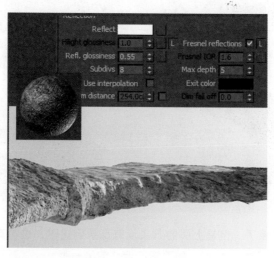

以上就是我们在调节石材质感时使用的一些方法，非常简单。

4.5.3 调节冰面的质感

先渲染一下这个场景，其他一些有错误的地方先忽略，本节重点讲一下冰面质感的调节。

大家看一下，笔者使用的是一张冰面的贴图，它本身就有一种透明反射的质感，通过渲染之后就会得到一个比较逼真的效果，但是现在还达不到要求，因为它缺少反射，如下图（左）所示。

01 现在为它加入反射。首先调整它的反射黑白度，因为不知道它具体会反射到一个什么程度，所以暂时调整到50%，如下图（右）所示，确定后渲染一下。

02 现在得到的冰面反射效果太强，之前也讲过，因为冰层里含有许多杂质，所以产生出来的这种反射效果不会这么强，先勾选"菲涅耳反射"选项，如下图所示，看一下它的效果。

03 此时的反射没那么强了，但是上面的石头没有反射到这里，这与真实的环境不符，反射太弱了，于是将它的反射黑白度调整到100%，如下图所示，渲染一下。

04 将冰面放大观察，发现这里隐约出现了上面的石头，这种效果就比较好了，如下图所示。

05 还需要为它增加一些光泽度，为了让它的光泽度效果表现得清晰一些，可以暂时关闭"菲涅耳反射"，降低它的反射，得到的效果如下图所示，正是我们想要的。

06 由于之前关闭了"菲涅耳反射"，这个冰面现在显得太亮了，因此还要启用"菲涅耳反射"，然后加强它的反射，同时也可以增加一些细分，渲染场景，如下图所示。

这就是调节冰面质感的一种方法，大家可以选择一张更好的冰面贴图，用 Photoshop 处理一下，然后贴到这个物体上。

关于冰面质感调节的操作就讲到这里。

4.5.4 调节雪地的质感

在案例中将之前制作好的雪地模型导入进来，这个模型的制作方法和石材差不多。

在这个堆栈器中有一个"可编辑多边形"修改器，如下图（左）所示，其实在它之前笔者使用的还是一个平面物体，对它的点进行拉伸，然后加入"涡轮平滑"修改器，再加入"噪波"修改器，最后加入置换，得到雪地效果，与制作石材的方法类似。先来渲染一下，渲染结果如下图（右）所示，雪地上面没有材质。

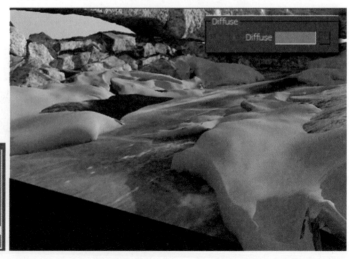

可以看一下它的材质球，默认是一个灰色，它的材质调节方法和冰面的有一些类似。首先为雪地材质设置一种颜色，雪一般是很白的，自然要设置一种白色，但是如果渲染场景，它的效果是雪白一片。

01 雪会有一些反射，之前也讲过，雪由于它的结构凹凸不平，还有一些小的颗粒，导致它的反射效果比较弱，所以在这里要加入一些反射，为了让它的反射强度低一些，还要勾选"菲涅耳反射"选项，如下图所示。

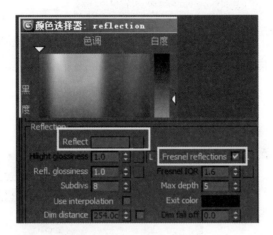

渲染一下，现在它的效果明显比之前亮了，如下图所示。

02 但是目前这个雪还缺少一些细节，因为雪里面会有很多的小颗粒，这种颗粒感要表现出来。先表现它的凹凸感，可通过参数面板下方的凹凸通道来控制，加入一张噪波贴图，看一下它的材质球，如下图所示。

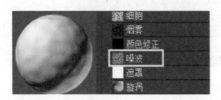

03 加入噪波之后，目前这个形状不太好看，可以选择"分形"选项，如下图（左）所示，将它的数量值调整到51，如下图（右）所示。

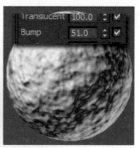

渲染一下，就得到了一个有凹凸效果的雪地，如下图所示，但是凹凸部分太多了，要让它少一些。

04 可以修改噪波的大小值，大概在50左右，现在这个效果就更自然了，如下图所示。

05 接下来调节一下它的颗粒效果。可以通过反射栏中的光泽度及细分来控制，光泽度控制它的模糊反射，我们可以调小一些，但只调节光泽度是不够的，此时它的材质球上没有任何颗粒效果。接着调节它的细分，很多人只知道通过细分来增加它的细节，其实也可以通过细分来得到这种小颗粒的效果，将细分值改为1，注意这个材质球的变化，再增加一些反射，此时已经看到了它上面的这些颗粒，如下图所示。

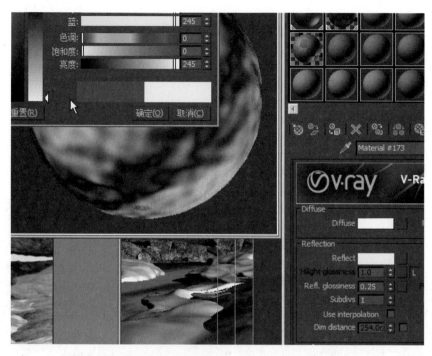

06 渲染一次，将雪地放大观察，如下图所示。

　　这就是最终得到的一个雪地效果，参数的调节基本上就是这些，可能在实际案例中这些参数或多或少会有一些小的变化，这都不是最重要的，颜色、反射、光泽度和细分参数的设置是关键。

　　关于雪地的质感调节就讲到这里。

4.6 调节早春配景的细节

　　在之前的章节中，我们对场景做过各种分析，也制作了一些配景，还介绍了这些元素的添加及摆放。在这里为了节省时间，笔者并没有完成整个场景的制作，因为物体太多，面数太多，电脑运行缓慢，不利于讲解。

本节将对早春场景中配景的细节进行处理。其实细节从技术方面来讲也没有什么难度，我们可以在这些石头和地面上添加一些枝干、枯叶等物体，笔者根据之前对早春场景的分析，为场景添加一些合适的元素。

这里重点要讲的不是技法，而是对于细节的把握。在制作这个场景时，场景后面的这些树已经布满了，那么在前面还需要添加一些植物，有一些植物可以从素材库中调取，还可以复制场景中已经编辑好的这些植物，做适当修改后，添加到前面。选择一棵植物，如下图（左）所示，将它复制出一棵，将来放在这块石头上。

大家不要以为这些树只能垂直生长，在真实的环境下，有一些树的树干形态远远超乎我们的想象，它有可能会很弯曲，但是本节要讲到的处理方法是一种纯粹的技术手段。往往我们在制作树木的时候都会将它与地面垂直，在这个案例中笔者将它旋转90°，如下图（右）所示，让它横向生长。

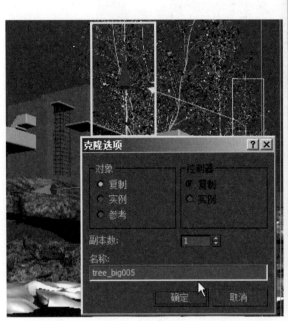

说明一下为什么会这样处理，因为之前在摆放植物的时候，在这里摆放的植物非常多。这一块区域看起来不大，但实际上要摆放的植物非常小，从而导致电脑的运行速度会比较慢，当然更影响渲染时间，这是一个原因。

另一个原因是有时候需要让这些植物有一种动态的效果，有一些植物是在 EA 素材库中调取的，所以它没有动态效果。摆放在这里之后，由于它处在画面的中心，如果它不运动，会直接影响到这种视觉效果。将其中一棵植物倒着摆放到这里，不仅可以大面积覆盖这块石材，也可以产生动态的效果，一举两得。

当然如果觉得叶子不够，还可以进行复制或者在修改面板中修改叶子的片数，或者是枝干数目，如下图所示。这就是添加细节的一种方法。

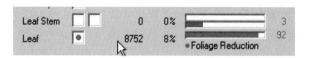

但是大家一定要注意，因为树和那种小的植物是不一样的，要注意它的大小，不是倒着放就可以了，为了让它和树叶有所区别，需要对它进行缩放，如下图所示。

这样从视觉上看，它的叶子小，与树叶有区别，就看不出是使用这棵树来编辑的。我们也可以在近处添加这样的植物。

现在制作的这个案例，表现的是"早春之晨"的场景，大家再想一下，在这个季节，这个时间段，该添加什么样的元素来烘托这个氛围，也是细节处理的范畴，并不是单纯地添加这些植物或者是其他物体。

在我们工作的时候，大家都会经历这样一个环节，认为多摆放一些物体，会使画面更充实，渲染出的效果更好，其实不是这样的。大家在本节中所添加的元素或者模型与我们之前所讲的感觉定位是紧密相关的，所以在添加元素的时候一定要谨慎，什么样的元素可以更好地体现出你想要的这种感觉，什么样的元素可以更好地表现出场景所散发的生活、艺术气息。

在这个案例中，笔者添加了一些干枯的植物和一些枯叶，大家可以看一下效果图，如下图所示，在这里有很多细碎的植物、很小的植物及它的叶片，这就是通过编辑树木得到的一个效果，当然有一些不足，没有将它的叶子缩放得更小一些。

在场景的近处也倒放着一些植物，这里的叶子更小一些，地面上有一些落叶、枯黄的叶子，还有一些积雪，如下图所示。这些元素能充分烘托这幅作品的意境，表现流水别墅"早春之晨"的氛围。

再来看一下它的动态效果（这里用截图来说明），如下图所示，这个镜头没有经过后期处理，可以先看一下它的效果，近处的植物会微微摆动（在动画中），我们之前在静帧上可能看不到某些画面，像树叶的摆动、滴答滴答的流水效果，在静帧上是看不到的，所以在静帧中所体现出来的感觉和动态效果是截然不同的。

场景中添加的元素将决定作品所呈现出来的这种感觉，虽然在后期用校色、调色，以及烘托的手法，会让画面更加充实、完善，但那只是锦上添花的做法，如果场景内的物体不够丰富，在后期无论怎样调节，都是徒劳的。

关于细节调整的内容就讲到这里。

⊙ 4.7 晨光的表现

细节部分已经调节完了，添加细节的目的，是让我们的场景更加丰富、充实。有了这些元素以后，还需要进行渲染，渲染的时候可能加一些特效，需要烘托一些气氛，光有模型还远远不够，本节讲一下晨光是如何体现的。

看一下最终渲染的图片，如下图所示，通过这张图片，可以了解到太阳的位置，场景中这种浓浓的雾气、冷色的感觉，就是最终要表现出来的效果，当然这张图也进行了后期处理。

在讲解这种表现技法之前，先看一下参考图片，如下图所示，这些晨光所体现出来的都是雾蒙蒙的感觉，再远一些就看不到任何物体，雾气很重，这是笔者想要表现的内容。

01 在环境面板中添加雾效，如下图所示，这是笔者使用的一个技法，添加雾效之后，可以通过默认的这个场景来测试一下，先隐藏它的植物，这样渲染速度会快一些。

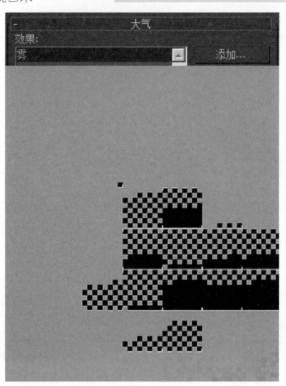

02 通过这个光子图可以看到画面是灰色的，并不是白色的，说明雾非常浓，先关闭雾效，调节一下近端和远端的参数值，近端为0，远端为50，如下图（左）所示；再渲染一下，观察场景，目前能看到远端的建筑，但还是雾蒙蒙一片，非常虚，如下图（右）所示。

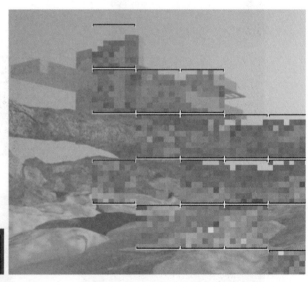

03 选择摄影机，进入修改面板，显示环境范围，如下图（左）所示，设置近距范围和远距范围值，返回到摄影机视图，渲染一次。

观察场景，目前前景的雾效有了明显的改善，清晰了很多，而且远处的建筑上也有一些雾效，这就是笔者想要的效果，如下图（右）所示。

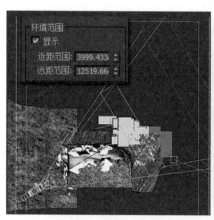

　　在视觉上，建筑离我们是比较远的，通过雾效的设置，可以体现出这种距离感，但是在调节雾效的时候，大家一定要注意，因为这个作品是效果图，并不是真正的照片，所以在整幅画面中为了表现这个主体，不能让建筑"含糊不清"，这是一个很矛盾的问题，既要看到它，又不能让它太清晰。

　　也许有人质疑，场景中前景很清晰，而作为主体的建筑又那么模糊，会不会喧宾夺主？其实不是这样的，我们要表现的重点是建筑，但也要考虑到真实环境里的情况，在早春清晨的环境下，特别是在植物茂密的树林里，通常会有一些薄雾弥漫，只是有的人会将这种雾效表现得很强烈，而有的人会表现得很柔和。

 提示　在调节的时候，要表现出建筑的"体量感"，以能看清它的形体及材质为出发点，这里强调的是一种感觉，同时，雾效还是一种调节画面气氛的手段，可以体现画面的层次。调节雾效时要把握一个度，其实就是结合场景，灵活对参数进行设置。目前这个场景还没有添加植物，在最终的场景中，远端会有很多植物，建筑并不是处于最远端，那么这些植物通过现在的这些参数可能会表现得好一些，但是渲染之后，表现出来的效果并不尽如人意，所以要反复调节这些参数，把握好这个度。

　　还有一点很重要，就是对画面的控制，这是一种通过后期手段增加雾的方法，如下图所示，从画面中（左图）可以看到，它的背景亮度并不像渲染之后的这种效果（右图）。

04 在目前的渲染效果中，背景没那么亮，有什么办法能够将它提亮一些呢？其实是有的，如下图所示，选择灯光，可以看到光照的部分（黄框内），其实还可以提亮一些，现在的亮度还不够，将倍增器值设置为0.2。

05 VRay灯光的这种特性和这个场景的环境是有关系的，调节它的亮度以后，它的天光自然也会变得更亮，渲染出来的效果也会比目前这个背景要更亮一些，所以提高阳光亮度也是一种方法；但是如果还不够亮，就可以在局部添加一个雾效，首先添加一盏灯光，如下图所示。

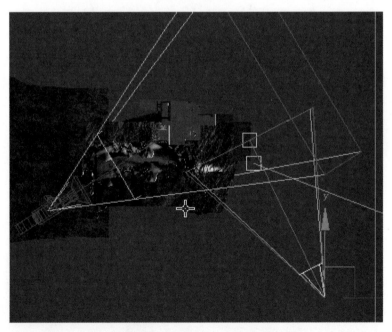

在上图中可以看出摄影机的角度及范围，添加的灯光在建筑的后面，灯光类型随意，目标聚光灯、平行光都可以，提升它的高度，不开启阴影。

06 在"大气和效果"卷展栏中添加体积光，设置衰减的开始值为100，结束值为0；然后勾选上面的"指数"选项，将密度值调节为1，如下图所示。目前还不知道能够产生什么样的效果，可以先通过这个参数调试一下。

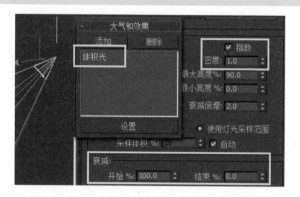

07 如下图所示，设置这个灯光的近距衰减和远距衰减值，不要让它从头到尾都是相同的亮度，这个亮度也决定了场景中雾的厚度。

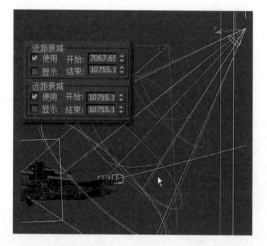

现在来渲染一下，如下图所示，这就是我们要的效果，让摄影机在这个范围内产生更亮的光源，来模拟太阳所在的这个位置与方向，有了这个基础的元素之后，在后期调节的时候也会相对简单一些。

如果觉得 VRaySun 的灯光值调高了，它的亮部显得有些过亮，还可以单独调节后来创建的这个聚光灯。

关于表现晨光氛围的几种方法就介绍到这里。

⊙ 4.8 最终渲染输出

本节要讲解两种渲染输出方式，一种是静帧渲染输出，另一种是动画渲染输出。

先看一下静帧渲染输出。在渲染设置窗口中，打开 VRay 渲染输出面板，最终会渲染输出一张大图。如果直接渲染，首先需要进行光子的计算，然后才进行最终渲染，这样非常耽误时间，笔者在渲染大图之前，一般会先渲染一张小光子图。

01 打开公用选项卡，笔者最终输出的尺寸为2408×3000，这里可以将尺寸自定义为595×800，先渲染一张小光子图，如下图所示。

 提示 在使用小图来计算光子的时候，最大的优势就是速度非常快，然后再设置一个大的尺寸，直接进行渲染。小图和大图的比例是1:4，比如小图的尺寸为800，那么大图的尺寸则是在800的基础上乘以4，为3000，最好不超过4倍，否则在最终渲染的时候容易出错。

02 在渲染大图前，小图的全局设置中也有一些参数需要调整，比如在GI面板中，一般将最小率、最大率设置为-3、-1，它的采样值也可以设置得高一些，如下图所示，可以有效地减少画面中的黑斑。

03 Ambient occlusion（简称AO）是VRay1.5版本中新增的一个功能，在没有这个功能的时候，我们通过VRay的材质来设置AO通道，有了这个功能以后，非常方便，可以直接勾选它，如下图所示。画面在渲染之后就自带了这种AO效果，当然这个设置也会影响渲染的速度，只是不太明显。

04 打开VRay选项卡，这里面要设置的参数稍微多一些，先看一下它的全局设置，在计算光子的时候，它的反射是不需要计算的，贴图可以保留，如下图（左）所示。勾选"不渲染最终图像"选项，这在计算光子的时候是非常有用的，如下图（右）所示。

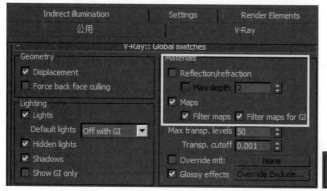

在渲染高精度光子图的时候，它的用时可能在半个小时左右，当然这半个小时包含渲染完光子之后对图像的渲染时间，光子图可能用20分钟，渲染图可能会用10分钟。勾选"不渲染最终图像"选项，在光子计算完成之后不会再对图像进行渲染了，能节省10分钟的时间，这是非常有用的。

05 将图像采样类型设置为Fixed，其他参数暂时不用设置，如下图所示。

06 在计算光子的时候，要勾选Auto save和Switch to saved map选项进行保存，如下图所示。

07 选择一个保存路径，在光子图计算完成之后，将出图尺寸高度修改为3000，其他参数不用调整，在VRay选项卡下勾选Reflection/refraction和Don't render final image选项，如下图所示；然后将图像采样类型设置为Adaptive DMC，它比细分方式要好，在非常细小的物体上，抗锯齿的效果非常明显，也要花费更多渲染时间，可以根据实际情况来选择。

08 接下来介绍关于动画的渲染输出设置。在这个案例中笔者没有渲染高清的画面，渲染的只是720的标清尺寸，其全局设置与静帧的差不多，没有太大区别，关于动态输出的这种方式，其实就是将输出模式设置为"追加到光子贴图"，如下图所示。这样做的好处就是使每一帧的光子进行融合，渲染出来的动画也没有闪烁现象，但是不足之处在于，每一帧都计算光子，这要多花一些时间进行渲染。

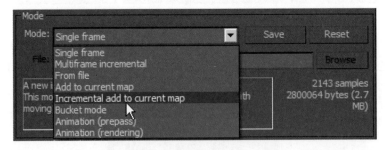

09 在渲染动画时，必须将图像采样类型设置为Adaptive DMC，不能使用其他类型，如下图所示。这种采样类型可以解决细小物体渲染时产生的断断续续的现象，渲染速度适中。

10 如下图所示，使用第1种类型虽然可以调节里面的参数，比如可以增加细分值，但是增加细分之后渲染速度反而更慢。

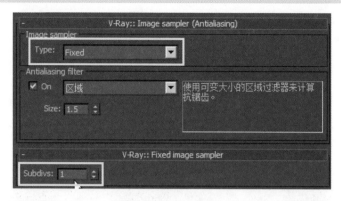

如下图所示，虽然使用细分方式，渲染速度会很快，但它只适合静帧输出，如果是动态效果输出，由于场景中有很多细小的物体，比如窗户的金属框架，或者树叶、树枝，因此渲染出来的画面肯定是闪烁的。

关于最终渲染输出设置的内容就讲到这里。

4.9 后期调节

在后期调节阶段，笔者使用了两款不同的软件对场景进行处理。

01首先在Photoshop中对最终图像进行调整。目前最终渲染出来的图像没有经过任何修改，将其复制一份，选择复制出的"图层3副本2"，使用"色相/饱和度"命令调整植物的颜色，使它们更加饱和，如下图所示。

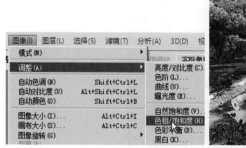

02 选择"图层3副本2"，在这里为它增加对比度，我们看到在颜色没有太大变化的情况下，添加对比度后，场景的亮部和暗部有了明显的对比，如下图所示。

03 在该图层上再添加一个"暗角"，这个暗角能起到牵引视线的作用，将我们的视觉停留在建筑上，还可以弱化4个角的边缘，始终将建筑放在画面焦点的位置，如下图所示。

04 在场景最上面添加一个雾效，这是我们在制作室外效果图时常用的一种技法，使用它来模拟这种光线或雾效，如下图所示。

本图像文件的图层非常少，如下图所示，主要工作包括对画面颜色进行校正、调色，以及对这种氛围的把握。

下面再来看一下如何在 After Effects 中编辑最终图像。

在 After Effects 中可以看到这是底图，如下图所示，先关闭其他图层的效果，然后关闭底图上的一些特效，这就是最终渲染输出的一个效果。可以看到植物还是比较绿的，但是这种早春清晨的感觉并不明显。

 提示 通过调节它的镜头光晕、亮度、颜色、Gamma值，让它在亮部区域产生一种偏冷的光源，然后为这个画面添加曲线，主要是利用它来调节画面的对比度。

01 在底图上复制出一个图层，观察它的效果，这个效果并不强烈，也不是很明显，只是让远处更亮一些，没有其他变化，如下图所示。

02如下图所示，笔者添加了一个遮罩，然后在场景四周设置了暗角区域，突出建筑，这就是我们在After Effects中使用的处理方法。

其实在 After Effects 中处理图像的思路与在 Photoshop 中是一样的，主要是对底图的颜色进行调校，然后调节场景氛围，比如光线、暗角、颜色的冷暖对比等，软件不同，但思路相同。最终我们通过 After Effects 得到了这样一个动态的效果，比静帧体现出来的感觉要好很多。

关于"早春之晨"场景后期的调节方法就讲到这里。

⊙ 4.10 氛围的把握

在后期阶段，如果只从技术方面来对图像进行处理，则会有一些片面，因为笔者之前讲过，后期是一个综合性比较强的环节，它包含了对物体比例的把握，位置、大小的设置，颜色的控制，以及更多美术方面的表现，所以只介绍一些参数的调节是远远不够的。本节介绍在后期如何更好地把握流水别墅场景的氛围。

还是以"早春之晨"为例，来介绍一下它的氛围，主要还是从场景要表现的氛围、细节等方面入手。

首先从整体开始，整体的氛围是大家第一眼就能看见的，整体氛围的好坏也决定了客户会不会仔细认真地看你的作品。对于本案例的整体氛围来讲，笔者要让场景表现出晨光的感觉，使它看起来像是一个清晨的环境，由于早春接近冬天，所以这个时节气候还是比较寒冷的，可以通过雾效来体现，还可以通过冰雪来体现，如下图所示。

在这个场景中首先通过雾效来表现出它的进深感，近处的画面相对清晰，远处的画面受这种雾的遮挡，会变得朦胧、模糊，如下图所示。

添加枝干、枯叶，以及积雪这些元素，可以体现出场景的寒冷，但是怎么能感受到它的寒冷呢？是通过光线的照射，使它有一种偏蓝的颜色，也就是偏冷的感觉，偏冷的光线、雾气，再加上这些元素，就足以表现它的寒冷程度，如下图所示。

在已经把握氛围的情况下，我们更多的工作都是围绕细节进行展开的。从美术方面来讲，提倡的是从整体到局部再到整体，就是在制作时先从整体入手，然后对细节进行刻画，比如添加这些小的植物。到后期阶段，有些细节不足，比如这些雪地的效果不太好，可以对它稍加处理，比如其他地方哪里不好，可以对这些局部的细节再进行细化，如下图所示。

细节处理完之后就要回到整体，需要对整体进行把握，整体是最能说明作品氛围的，刚开始也讲过，整体的感觉不好客户就不会再往下看了，所以要把握好。如果大家按"整体到局部再到整体"的流程处理图像，相信对作品氛围的把握是没有问题的。

最后大家一定要切记，画面的氛围是最关键的。

本章对夏季的环境进行分析，然后根据这些特征来搭建场景、调节物体的质感。在讲解夏季环境时，必须抓住3个要点进行分析，分别是植物叶子的茂密程度、叶子的颜色和光源光感。此外要善于观察夏季时建筑与自然环境之间的关系，把握夏季场景的氛围。

→ 5.1 夏季的环境分析

在上一章中，我们对春季的节气及场景表现进行了详细的介绍，本节将对夏季的环境进行分析。

在讲解夏季的环境时，笔者将围绕以下 3 个方面来说明。

1. 对叶子的茂密程度进行分析。

2. 对叶子的颜色进行分析。

3. 对光感进行分析。

笔者在网上找到一些图片，首先来分析植物叶子的茂密程度。从这些图片中我们可以看到植物的叶子非常多，如下图所示。

如下图（左）所示的这张图片，植物的叶子非常多，很茂密。下面一些矮小的植物，它们的叶子也非常多，如下图（右）所示。

如下图所示，看这张图片，场景中的草、矮小的植物都很茂盛。

其他图片就不一一说明了，都有这些特征。

可见，想要抓住夏季的这种特点，首先就要看植物的茂密程度，在其他季节，植物不会像夏季这样茂盛。我们之前在分析春季环境的时候，也知道植物的叶子是刚刚生长出来的，很小，因此在这个时节，不会出现这么多的叶子，这是春季的一个特点。

当然不能仅凭植物的茂盛程度来判断是否是夏季，因为有些植物在冬季的时候还会有叶子，并不会完全掉落，像松柏类的植物，在寒冷的季节里，叶子也很茂密，如下图所示。

此时，我们可以从植物的颜色来判断。

在春季的时候，植物的叶子由于刚刚生长出来，它呈现出一种绿色，但这种绿是一种嫩绿，有一点偏黄，如下图（左）所示。

在夏季时，植物叶子的颜色和春季又有很大的不同。如下图（右）所示，由于这张图片中的大部分植物处在背光区（大黄框），我们看不清叶子的具体颜色，可以看一下它的受光部分（小黄框），这里由于光照很强烈，它也偏离了真实的色彩。

中间部分的植物比较接近真实的色彩，如下图（左）所示。看一下它的这种颜色，并不是嫩绿色，而是有一些类似于将嫩绿色降低饱和度之后呈现出的色彩。

再看下图（右）所示的图片，植物的颜色看起来非常饱和，当然这与拍摄者的曝光控制及色彩把握是有关系的，我们看不到它最原始的颜色，只能通过照片来分析或者与其他地方的颜色进行对比。

如下图（左）所示，这条马路上，在夏季的时候它的阴影部分产生了一种很蓝的颜色，偏蓝紫色，这与我们平时观察到的颜色还是有一些偏差的，实际上它没有这么蓝，而是再淡一些，拍摄出来之后，这种颜色很明显。

根据这一点我们再来看一下植物，在这种情况下稍微降低一些饱和度，之后呈现出来的颜色才是真实的颜色。

如下图（右）所示，这张照片是使用普通相机或者手机拍摄的，虽然清晰度不够，但是整体颜色还是比较接近真实情况的。

　　如下图（左）所示，看一下图片中的植物，每一个叶片所呈现出来的颜色并不是很绿，我们看这一片叶子呈现出了嫩绿色（小黄圈内），而其他叶子又有一些发灰（大黄圈内），如同降低了饱和度一样。在这个时候，需要取一种最嫩的颜色，再取一种最灰的颜色，通过计算它们的中间色，就能得到这个叶片真正的颜色。

　　在夏季，一般情况下，叶子的颜色呈现出深绿色，如下图（右）所示。

　　当然某些植物在春季的时候比其他植物发芽要晚一些，进入夏季后，也没有达到最成熟的状态，所以颜色还会呈现出一种比较嫩的绿色，但是大部分植物在夏季都会呈现出这种深绿色，我们在做表现的时候需要注意。

 提示　平时要注意多观察自然环境，其中包含很多元素，比如太阳的位置、天气、大气环境等，这些都会影响到植物的颜色。

　　接下来讲一下光感。如下图所示，在这张图片上光感非常明显，这是一个典型的夏季环境，首先植物非常茂密，其次颜色也不是那种嫩绿色。

如下图所示，它的光感可以通过光照方向判断，大概在右上角这个位置，阳光照在这些植物的叶片上以后，叶片表面与背面的阴影产生了明显的对比。

从这一方面来讲，这是夏季与其他季节不同的地方，也是最突出的一个特征。由此看来，从这3个方面分析，就可以抓住夏季的这些特点了。

在做一些建筑效果图时，首先建筑是画面的主体，场景中还有车、人、植物等配景，在整幅画面中，如果只看建筑，是很难分出季节的，如下图所示。

最能体现季节特点的还是场景中的植物，所以在创建作品时，植物和你要想表现的季节一定是相互对应的。

很多人想表现的场景是夏季，然而在画面的整个环境上又体现出一种很冷的感觉，环境与植物的搭配不协调，甚至摆放的人物还有穿棉袄的。

在这里笔者要提醒大家，如果你对自己的作品有一定的感觉，那么方方面面都要考虑到，不能单纯地打一个灯光，再渲染，然后在后期添加这些配景就算完事了，一幅好的作品绝对不能犯原则性错误或常识性错误，如下图所示。

5.1.1 时间分析

在夏季，它的早晨、上午、正午、下午、黄昏、夜景与春季的又有什么不同呢？

我们来看一下这张图片，如下图（左）所示，这是夏季的清晨，首先它的这种体积光感并不像春季那么强，可以隐隐约约看到它的光线，但是在远处还能看见一些植物，并不像春季那样雾效强烈。

如下图（右）所示，这张照片是顺光拍摄的，在远端几乎没有什么雾效。

再来看一下阳光照射下的这种颜色，太阳发出来的光本身是暖色的，但是为什么在春季它体现出的这种光照颜色恰恰是一个冷色呢？其实笔者在之前讲过，是因为受到大气的影响，所以这种光照颜色会有一些偏冷的感觉，如下图所示。

而在夏季时由于空气中没有这种浓厚的雾气，所以阳光可以直接照射到物体上，我们在看这些物体时，它的受光部分就呈现出了一种暖色。

再来看一下夏季的正午。如下图所示，看一下这张照片，正午的感觉很明显，可以从立交桥下的阴影或者汽车下面的阴影来判断，阴影很短，几乎就在汽车的下面，建筑暗部的颜色和亮部的对比又非常强烈，这也是夏季最突出的一个特点。

可以利用这个特点来表现夏季的炎热感，光照部分非常强烈，同时也有一种暖色在里面，背光部分会产生出一种偏冷的感觉，颜色也很深。

如下图所示，图片中有一个窗口，虽然不是一张全景的图片，但是从这个局部可以体现出夏季黄昏时的感觉。

在夏季，无论早晨、正午，还是黄昏，物体亮部与暗部的对比非常强烈，而且在黄昏的时候，它的光线颜色会偏暖。大家应该见过火烧云这种现象，在云层的亮部产生了一种类似于上图中窗框的黄色，很亮，非常刺眼，而在云层的暗部它会体现出很红的颜色，这两种颜色叠加到一起之后就形成了下图所示的这种颜色。

了解了这一特点，在调节参数的时候，就可以很好地控制阳光颜色了。再看一下阴影，在黄昏的时候物体的阴影发紫，这种颜色很饱和，阴影有一些浅，如下图所示。

总之，在夏季不同的时间段，特别是在晴天，都会产生这种强烈的光照，从而使物体的亮部和暗部产生鲜明的对比，这就是夏季最明显的特征。

关于夏季时间分析的内容就讲到这里。

5.1.2 气候分析

夏季是一个多雨的季节，同时也是一个炎热的季节。下雨的时候我们会感觉到非常凉爽，但是雨过天晴之后，伴随而来的就是闷热的天气，如下图（左）所示。

在这个炎热的天气，对于晚上想要休息的人来说无疑是一种煎熬，此时如果能来一阵凉风就再好不过了，如下图（右）所示。

在表现夏季场景时一定要将这种炎热感体现出来。

可能有的读者会有疑问，在夏季并不每天都很炎热，有的时候会下雨或者是阴天，每一天的温度也不一样。本节内容主要是对夏季的气候进行分析，所以借这个话题来介绍在夏天不同温度、不同天气条件下如何表现场景。

在前两节已经对夏季的 3 个特点，分别是植物的茂密程度、植物的颜色及光感进行了分析。

下面举例说明，在夏天雨季的时候，我们该如何表现场景。在夏季下雨的时候，人们穿的衣服都比较少，比较薄，并不会感觉到太热，反而会觉得有一些冷，如下图所示。

首先在雨季时，场景中包含的元素有雨滴、地面上的积水，由于这种天气不会有强烈的阳光，所以植物的光感会比较弱，甚至场景会很朦胧，如下图所示。

　　另一方面，在这种天气条件下，最能够体现出夏季这种感觉的元素就是场景中的人物，人物可以穿半袖 T 恤，可以穿裙子，也可以加一件薄一点的外套，还可以加一件雨衣，但是不可以出现穿棉袄的，这是我们需要注意的，如下图所示。

　　如果刚才所分析到的这些问题你都考虑到了，那么笔者相信，读者会准确地表现出夏天雨季的这种感觉。

　　阴天的表现其实也差不多，就是缺少了雨水的元素，其他的调节都一样，如下图所示。

　　如果你想表现一些特殊的效果，比如沙尘暴的天气，其实也可以，就是在这种天气下要充分把握好实际情况，人物要少放或者不放，如下图所示。

　　在这种天气下，即使场景中出现了人物，也要注意他们的姿势，如下图所示，不能在沙尘暴来了以后，人还感觉像在逛大街一样，很悠闲。

　　如果你还想加入自己的一些创意，那么也不要脱离实际。

5.1.3 空气密度分析

　　如下图所示，在夏季的清晨，我们可以清晰地看到远处的植物，雾气的密度小，很通透，不像春季清晨的场景那样，薄雾弥漫。

　　如下图所示，这4幅图片都是清晨的场景（不分季节），因为在清晨的时候雾气最浓，到了上午10点钟左右，这些雾气才会逐渐消散，所以清晨的这种雾气最能够体现所处季节的空气密度。那么，空气密度和效果图表现之间有什么关系呢？我们为什么要分析它？以下图中的这个清晨场景为例，在清晨时候它的空气密度是最大的，所以能见度会受到一定的影响，空气密度越大，我们能看到的距离就越短，在做效果图表现的时候就要考虑这些因素。

　　在西方一些发达国家，他们的环境保护得非常好，甚至远处的物体都可以看到，并没有雾蒙蒙的感觉，如下图所示。

有些人在做效果图表现的时候，没有对远处的景物加雾气的效果，导致客户不满意，说是层次不够，远近不够分明等。其实笔者觉得并不是只有雾效才能表现出远近关系，表达这种关系还有其他方法，例如，可以通过颜色的处理、物体大小透视的处理等，方法有很多种。

在国内效果图制作行业，大多数人还是习惯于通过雾效的方法去处理，这种方法简单有效，但是我们做的是效果图，目的是让客户看到图以后感觉非常清新。本书要表现的主体虽然是流水别墅这个建筑，但是周围的环境衬托着建筑，环境不够清新也直接影响到客户的心理，要懂得如何去把握。

这是从商业的角度分析，也就是说以客户的需求为主，但本书的案例是站在艺术表现的角度来分析空气密度与效果图表现之间的关系，应该参考真实的环境，在此基础上进行艺术加工，强调的是一种艺术感觉。

5.2 搭建场景

这个场景大家很熟悉，就是之前在讲解"早春之晨"案例时搭建的场景。

在4个季节中，场景的搭建工作其实没有太大区别，都有建筑、地形和植物，唯一的区别就在于添加的元素是不同的。

在早春的时候，由于天气比较寒冷，我们加入了一些积雪、冰面等元素，到了夏季的时候，就不能再有这些物体了。我们可以在这个场景的基础上修改，将它的积雪物体删除，暂时保留冰面物体，用它制作一个流水贴图的物体，如下图所示，删除其他冰面。

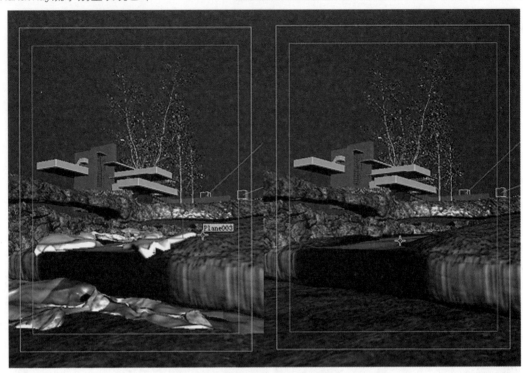

然后在其他的区域多添加一些素材，这些素材是在 EA 素材库中调用的，如下图（左）所示。在这里，笔者选择了一些矮小的植物，如下图（右）所示。

这些素材都是没有动态效果的，所以在摆放的时候一定要考虑好位置，确保不会对我们的视觉产生太大的影响。

01如下图所示，看一下笔者之前摆放好的这个场景，夏季的时候植物的叶片非常多，相应地，场景中的面数非常多，为了能够更加顺畅地操作，可将这些植物都转换为代理物体。这些黑色的物体全都是植物，地面上这些矮小的植物大多数都是使用的EA素材，后面这些有动画效果的植物是笔者自己制作的。

02 可以直接对地形进行操作，笔者在场景中摆放了两只蝴蝶模型和一只蜥蜴模型，如下图所示。

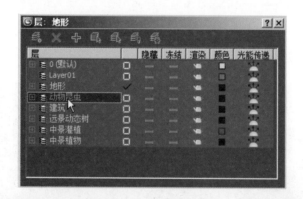

03 如下图所示，最重要的是要把这3种植物分别放置在图层中，方便进行管理。在摆放时要错落有致，自然协调，与地形相匹配。

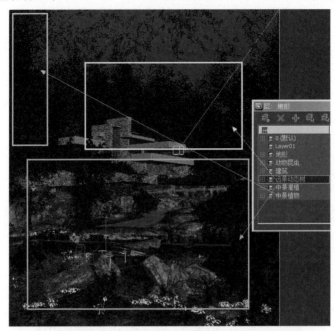

　　隐藏植物所在的图层以后，再来看一下视图，更新的速度很快，所以在选择物体或者想编辑一个物体的时候，层管理是非常有用的。对于中景植物、远景动态树，如果逐个选择，然后隐藏，再显示，反复这样操作，会浪费大量的时间，所以通过图层来对它们进行管理是非常有好处的。

　　04 在摆放植物的时候，一定要与物体相接，比如现在选择的这棵植物，如下图所示，一定要挂在石材上，不要出现悬在空中或者是插进去的现象，一旦渲染就会产生错误，这一点要注意。

　　下面修改植物的叶片数目。

　　01 打开树木风暴插件，选择一棵植物，将其他植物隐藏并最大化显示，如下图所示。

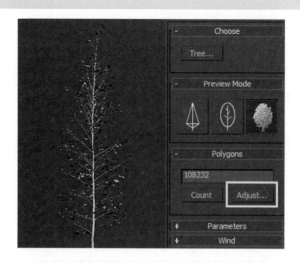

02进入修改面板，先将它的枝干调节得多一些，然后调整它的叶片数目，之前讲过，这里的数值越大，叶片的数量越少，如下图所示。

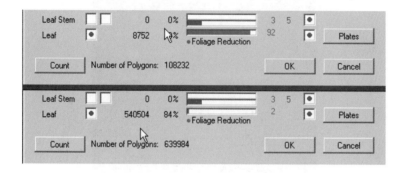

 注意 可以将叶片的数量设置得少一些，具体根据电脑的性能来决定，不要盲目增加，否则叶片数目太多，面数也就越多，导致电脑运行缓慢。

将叶片数目调节到54万左右就可以了，如下图所示，我们看到树的叶片非常多，在视图上旋转时，刷新速度也不快。

如果读者的电脑配置比较低，对于这种面数多的植物，处理起来会很慢，如果经济条件允许，可以搭建一些高配置的工作站，这样对于我们处理复杂的场景或者植物多的场景是非常有好处的。

修改完叶片数目之后（其他植物的叶片数目也这样处理），场景中由于植物非常多，笔者编辑完一棵植物后，制作好它的材质，然后将它转换为VRay代理物体，这样可以提高工作效率。

⊙ 5.3 调节植物材质

在每一个季节中，植物叶片的质感是不一样的，本节我们来调节夏季中植物叶片的质感。

01打开材质编辑器，在之前导入这个素材之后，我们用吸管工具吸取了它的材质，如下图所示，这是它的材质ID号。

02现在为树干物体加入纹理，单击ID号为2的树干材质，有很多读者喜欢使用VRay材质，其实都可以，然后选择一张树干贴图，如下图（左）所示。

03现在树干上并没有显示它的纹理，可以在显示面板中选择其他的查看方式，如下图（右）所示。

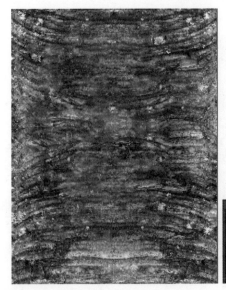

04 纹理显示出来了，但是这个纹理的显示不正确，拉伸得太长，我们进入它的材质选项，调节一下它的重复次数，如下图所示。

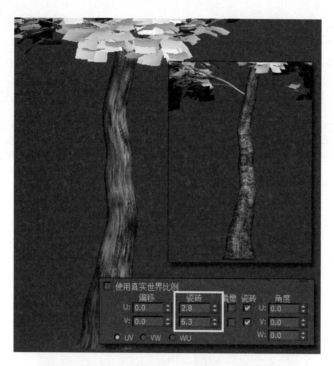

05 接下来调节树干的凹凸，在凹凸通道里加入一张黑白贴图，如下图所示，同时也要在这里调节它的重复次数，分别为2.8、6.3，这样凹凸纹理和表面纹理就对应上了。

06 调完这个材质之后，为树干设置一些高光，如下图所示。

07 返回上一层级。其他的主枝、分枝1和分枝2，都是由主干衍生出来的，所以它们的材质也是一样的，刚才对主干材质的参数进行调节之后，如果再调节一遍其他材质，这样很麻烦，我们可以直接将主干的这个材质拖曳到下面的材质上，以"实例"的方式进行复制，如下图（左）所示。

那么现在它的主枝、分枝 1 和分枝 2 都有了材质，如下图（右）所示。

08 下面为最主要的树叶进行贴图。ID19就是这棵树的树叶部分，单击右侧的通道按钮，在弹出的面板中选择VRayMtl进行调节，如下图所示。

09 首先对叶片物体进行贴图，单击漫反射右侧的按钮，选择"位图"选项，这里选择一种比较深的绿色，如下图所示。

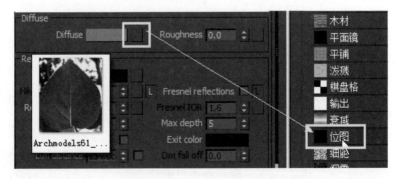

10 现在这张贴图没有显示出来，我们调节一下显示颜色，如下图所示，其他参数就不需要调节了。

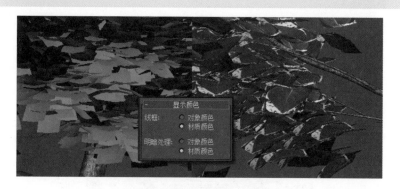

11 返回上一层级，然后加入黑白通道来控制它边缘的透明度。在Maps卷展栏下找到不透明度通道，选择一张贴图，显示一下，黑色的区域就是将来透明的地方，白色的就是不透明的地方，如下图（左）所示。渲染测试一下，已经看到它的效果了，如下图（右）所示。

12 叶子的表面有轻微的反射，这里调节一下它的反射，同时降低光泽度，如果使用默认值，它的反射强度类似于镜子，如下图所示，这个反射效果需要再模糊一些，反射值可以更低一些。

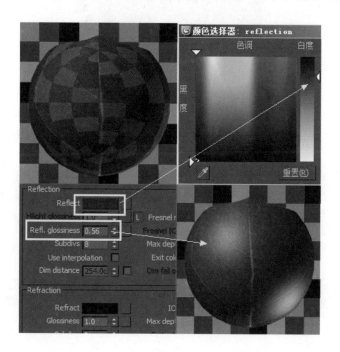

13 设置完成后再次进行渲染，速度很慢，如下图所示。目前渲染的只是一棵树的某一角，而且渲染出来的效果并不明显，如果渲染大片的树木，将严重影响工作效率。

 提示 完全没有必要将精力或者时间全部投入到对树叶材质的调节上，因为我们要表现的主体是建筑，植物只是起到衬托的作用。

也许有人会问，如果不对植物的叶子调节反射，那么如何渲染出比较真实的叶子呢？其实在调节叶子材质的时候，我们可以找一张包含了高光及反射的贴图，如下图所示的这张贴图，它本身是有高光的，虽然它的高光不是很强，但是也有一些光的变化，而且还有一些微弱的反射，我们要的就是这种感觉。

如果使用这种真实的素材进行贴图，那么表现出来的效果自然也不会差，渲染速度也快，尤其是在这个场景中，树木、其他植物非常多，要全部加入反射效果，即使是配置再高的电脑，可能也无法胜任，为了提高工作效率，还是找一些真实的素材作为贴图，这样更能有效地提高工作效率。

关于夏季植物材质的调节就讲到这里。

⊙ 5.4 VRay三步法设置

在讲解春季场景表现的时候也提到过 VRay 的三步法设置，本节笔者再介绍一下设置步骤，使读者能有更深的印象。

先隐藏植物，因为这些植物会影响渲染时间。

打开渲染设置窗口，之前已经对 VRay 参数进行了调整，我们重新指定一次 VRay 渲染器，如下图（左）所示。

01 在"早春之晨"案例中，第1步是先打灯光，在这里也打了灯光，如下图（右）所示，可以先将这个灯光删除，然后编辑VRay阳光。

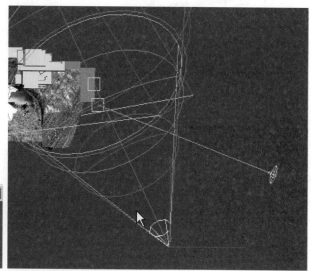

在夏季，我们要表现的是正午的阳光，所以目前灯光的位置不对，调节它的角度，来模拟中午 12 点左右这个时间段的环境。可以将灯光抬高一些，往前一些，如下图所示。

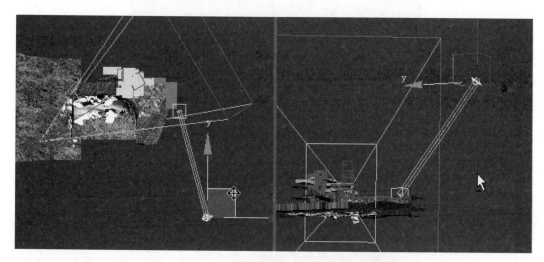

进入摄影机视图，渲染一次，效果如下图（左）所示，画面中的亮部太亮了，这是因为没有启用 GI，所以没有全局照明的效果。

先进入 VRay 阳光的修改面板，看一下它的参数，目前倍增值是 0.2，这里暂时先调到 0.05，如下图（右）所示。

02 打开GI面板，勾选On选项，启用全局照明，将Min rate和Max rate值均设置为-3，然后勾选Show calc.phase和Show direct light选项，如下图所示。

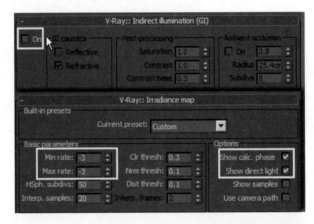

可以渲染一次，看一下光子图，在渲染小图的时候一定要养成查看光子图的习惯。如下图所示，从这张光子图上可以看出它的亮部还是很亮的，所以这个参数值还要调低一些，暂时停止渲染。

03 返回到渲染设置面板的VRay选项卡下，在VRay::Color mapping卷展栏下设置"指数"曝光，然后勾选Sub-pixel mapping和Clamp output选项，如下图所示，再渲染一次。

　　此时，光子图的亮部区域已经变暗了，而且曝光程度也得到了很好的控制，但是光线强度还是不够，尤其是天空、地面与建筑、地形形成的这种对比关系，表现得还不够，如下图所示。

　　我们调节倍增值，最后再渲染一次，如下图所示。

　　目前这种亮度用来表现夏季的正午时段，已经比较合适了，比如在亮部区域有很刺眼的感觉，在背光部分又产生了非常深的阴影，形成了鲜明的对比，这是笔者想要的，在 VRay 三步法设置阶段，能得到这种效果已经可以了。

　　观察它的阴影方向，查看阳光的位置及高度是否影响到了画面的美观度，然后进入渲染设置面板，首先将它的抗锯齿类型改为 Fixed，在公用选项卡下将尺寸改小一些，比如 372×500。

渲染一下，观察场景，我们看到建筑自身的阴影与地面几乎是垂直的，如下图所示，这个角度已经满足了正午这个时间段的要求，但是由于周围没有配景，因此光影的体现还不够丰富。

可以想象一下，在建筑周围添加配景之后，植物投射在建筑上的阴影效果，要比现在好很多。

关于 VRay 三步法设置的内容就介绍到这里。

⊖ 5.5 调节配景的质感

本节介绍酷夏场景中配景质感的调节方法。

对于场景中的所有物体，具体哪一些需要加反射或者置换，哪一些不需要加，对于这种质感的调节我们都要把握好。同样的物体哪些需要加反射，哪些不需要加反射，这都是我们要考虑的问题，如下图（左）所示。如下图（右）所示，现在看到的这个场景是笔者之前做好的"酷夏之炎"场景。黑色的物体全都是植物，已经转换为 VRay 代理物体了，所以在打开这个场景的时候速度还是比较快的。

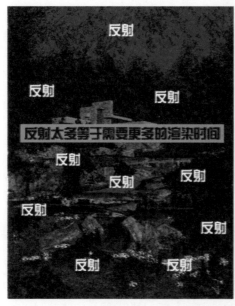

　　对于它们的质感，在之前讲解酷夏植物调节的时候，也建议大家使用真实的贴图，尽量不要使用反射。在这里其实也是这样，对于远处的植物，由于叶子非常小，即使加了反射，也看不出效果，所以使用贴图就可以了，重要的是把颜色表现好，如下图所示。

　　我们看到近处的一些植物，有一些植物的叶子也是非常小的，对于这种非常小的叶片，完全没有必要加反射，如下图所示。

　　对于这样一个夏季的场景，之前分析环境的时候就讲过，在阳光直射到的地方要体现出它的炎热感，在阴影部分要体现出它的清凉感，如下图所示。

　　如下图所示，在这种空气比较湿润的地方，叶子肯定要受到湿润空气的影响，从而会产生这种强烈的反射效果，但是场景中前面的植物也很多，如果都对这些植物加反射，也是不明智的。笔者会选择为

那些离我们近、叶片又很大的植物加入反射，主要是考虑电脑性能、渲染速度。

关于配景质感调节的一些知识就讲到这里。

5.5.1 调节植物的质感

之前讲过，关于植物我们只为它加入了纹理，这样做也是为了加快渲染速度。对于前景中叶片比较大的这类植物，就有必要为它加入反射。

本节介绍如何调节带有反射的叶片贴图的质感。先说明一下这样调节的理由，因为是夏季场景，场景中有流水，在流水经过的区域会体现出这种很清凉的感觉，植物离水又很近，叶片上自然会带有水汽，此时叶片的反射要强烈一些，所以需要在这个植物上加入反射。

如下图（左）所示，这是叶片没有加反射之前的效果，叶片上除了纹理和凹凸，没有其他效果。

如下图（右）所示，这是叶片加入了反射之后得到的效果，可以清晰地看到上面的反射，很模糊。

渲染上面这张贴图的时候，笔者将其他物体全部隐藏了，周边没有配景，所以反射出来的景象没有那么丰富，如果加上周围的配景，反射效果会更好一些。

如下图（左）所示，通过这棵植物的叶片就可以看到它的反射效果，有一种很油亮的感觉，可以更好地表现出带有湿气的这种效果。

如下图（右）所示，远处这些植物就没有加反射，这些植物和近处的植物一样，也会有一些反射，让画面的层次感更丰富，不要太死板。

下面看一下材质是如何调节的。

01 笔者使用了一个标准的材质类型，并设置成"双面"材质，然后为它加入了一张纹理贴图、不透明度贴图和高光反射，如下图（左）所示；还加入了一个凹凸纹理，并将反射数量设置为5，如下图（右）所示。

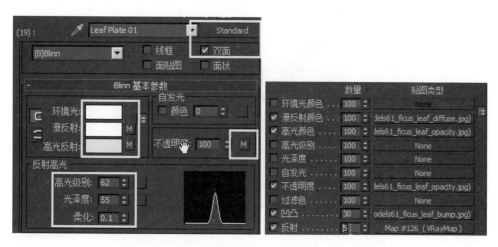

02 进入反射贴图设置面板，笔者只调节了它的光泽度参数，光泽度值为100，数值越大，光泽度越细腻，然后将细分值设置为2，如下图所示。

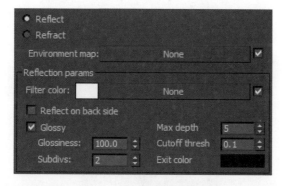

在渲染控制面板中，这里的细分可以理解为对图像的细分控制，那么用到材质上，其实也是一样，它也是对材质的细分控制，它究竟会起到一个什么样的作用呢？这个细分值默认为50，非常高，如果使用默认的参数值渲染，速度会非常慢，笔者一般最高调整为5，最低调整到2。

当然这片叶子的反射并不像镜子的那么强，所以将反射数量值设置为 5，这就是叶子的调节方法。其实很简单，合理设置纹理贴图、不透明度贴图、高光、凹凸和模糊反射，就可以得到想要的效果。

很多人在调节材质的时候，步骤很多，也很繁琐，很盲目，其实要想调节好材质，最重要的是要了解材质，掌握它的属性。在材质编辑器中，这些参数已经能够满足需求，再结合灯光进行渲染，场景就几乎接近完美。

5.5.2 调节石头的质感

选择石头模型，看一下加入贴图之后的渲染效果。选择一张 UV 贴图，对它的 UV 进行校正，然后为了体现它的细节，我们在上面加入了 VRay 置换来体现它的细节，看一下它的最终渲染图像，如下图所示，这就是渲染出来的石头。现在看不出任何的反射，其实它是有反射的，只是我们将周围的环境都隐藏了，对它单独渲染的时候没有对它衬托，所以觉得它没有任何的反射现象，现在看来只是一个粗糙不平，没有任何反射的石头。

在石头的周围加入了两个茶壶模型，再次进行渲染，主要是想让大家看到它的反射效果，在红色茶壶旁边有红色的影子，黄色茶壶旁边有黄色的影子，如下图所示。

如果还是觉得不清晰，可以将两幅图进行对比，效果还是很明显的，如下图所示。

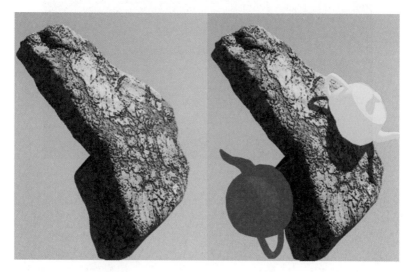

下面看一下石材反射参数的调节。

01 笔者使用的是一个标准贴图类型，只加入了一张纹理贴图，设置了一些高光、凹凸和反射，如下图所示。

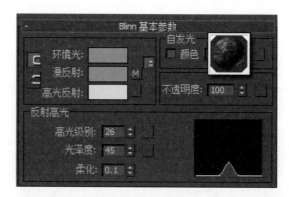

02 进入反射设置面板，将光泽度设置为100，细分设置为2，如下图所示。

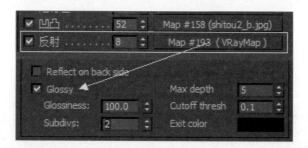

最终效果也要体现出那种湿气的感觉，与上一节调节植物质感设置的参数值差不多。

如下图所示，这就是石头体现出来的反射效果，我们看到这种比较光滑的地方，它是比较明显的，稍微粗糙一点的就不太明显了。总之，整体上给我们的感觉就是，这个区域湿气比较重。

 提示 反射数量值是调到8、50，还是90，这要根据场景需要及个人喜好来确定，有的人喜欢它的反射更强一些，有的则希望反射稍微弱一些。

⊙ 5.6 调节配景的细节

在"早春之晨"场景中，我们在地面上加入了枯叶和树枝作为烘托气氛的元素，那么在夏季就不太适合加入枯枝、枯叶了，在这里选择使用蝴蝶来烘托整个场景的氛围。

可以先看一下动画，拖动时间滑块，蝴蝶沿这个轨迹飞行，笔者在画两条线的时候让它相互缠绕，因为蝴蝶飞行的特点就是相互缠绕，所以在它的路径上也要做出这种相互缠绕的感觉，如下图所示。

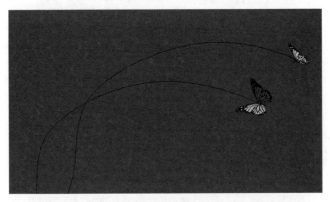

光有路径和飞行方向还不够，蝴蝶在飞行时翅膀是扇动的，那么如何才能使扇动的动作更自然一些呢？我们先单击选择一只蝴蝶，看一下设置的这些关键帧，如下图所示。这些关键帧非常密集，逐帧进行调节，不需要使用骨骼，也不需要对点进行编辑，只需要通过旋转来设置，非常简单。

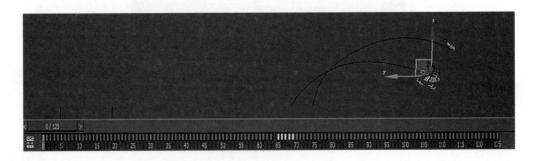

01 打开原始文件，这是一只蝴蝶的模型，带有贴图，我们解开它的组，将同一方向的翅膀组合在一起，然后将蝴蝶的身体及头部、脚部组合在一起，如下图所示。

02 现在为它设置关键帧，首先将帧速率设置为每秒25帧，PAL制，选择结束时间为50帧，如下图（左）所示，在这50帧之内（也就是两秒钟之内）让蝴蝶飞行。

03 首先选择其中一个翅膀，打开前视图，进入层次面板来调节它的轴心，单击“仅影响轴”按钮，如下图（右）所示，可以把这个轴移动到翅膀的根部。

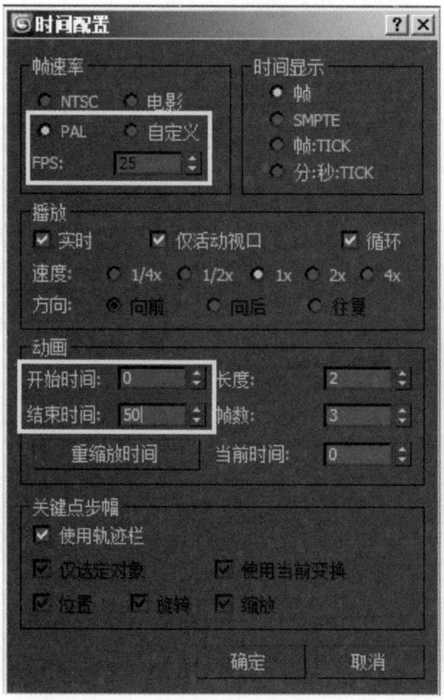

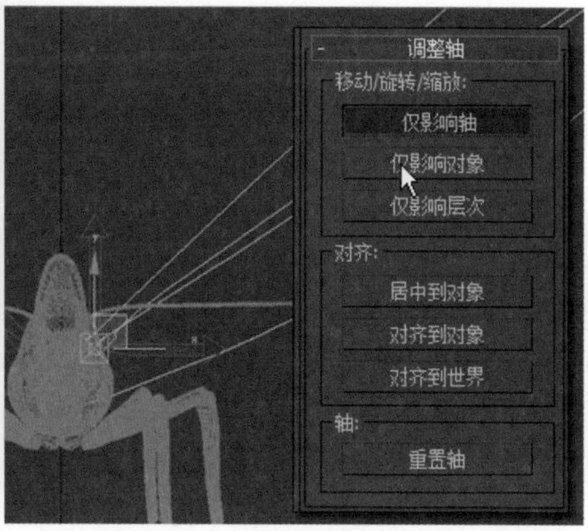

04 如下图所示，另外一侧的翅膀也这样处理，在透视图中旋转一下，位置还可以，虽然不是太精确，但在远观的情况下没有太大问题。

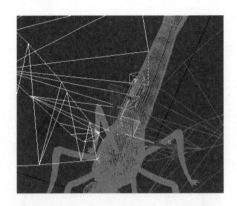

05 启用自动关键帧，拖动时间线到第1帧，在第1帧让它的翅膀向下，因为蝴蝶在飞行的过程中翅膀扇动的频率非常快，所以在第1帧就将它的位置调节到这里，如下图所示，第2帧的时候再调回来。

06 拖动一下时间滑块来看一下它的扇动频率，如下图（左）所示，单击播放。

07 使用同样的方法，对另一侧的翅膀也做出它的关键帧动画，然后需要让翅膀跟随蝴蝶身体进行运动。选择这两个翅膀，单击"选择并链接"按钮，然后将翅膀绑定到蝴蝶身体上，如下图（右）所示，这样在选择蝴蝶身体的时候，翅膀也会跟着身体运动。

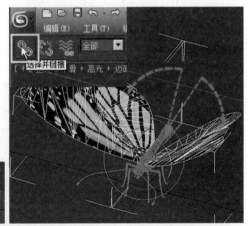

08 接下来要设置一条路径。选择"线"工具，设置初始类型和拖动类型为"平滑"，然后在顶视图中画一条线，如下图所示。

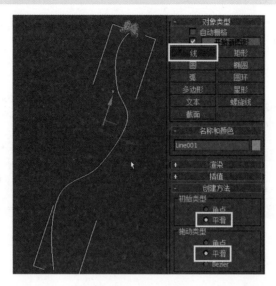

09 可以编辑一下直线的弯曲度,这样就做出了一只蝴蝶飞行的轨迹,如下图所示。

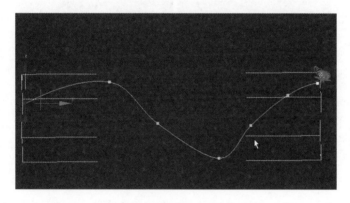

10 选择蝴蝶,打开运动面板,然后指定控制器,选择"位置XYZ",选择"路径约束",让蝴蝶沿着这条路径飞行,如下图(左)所示;然后在"路径参数"面板中添加路径,单击这条线,如下图(右)所示。

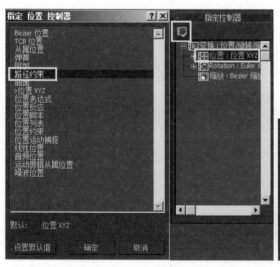

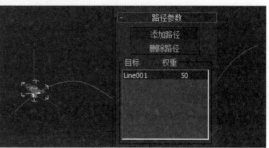

11 这只蝴蝶就移到了线的末端,我们要让它从右侧飞向左侧,也就是从右端开始,"%沿路径"值要设置为0,系统自动将这一帧设置为关键帧;然后到50帧的时候,将"%沿路径"值设置为100,如下图所示。

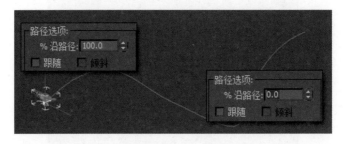

12 目前蝴蝶飞行的方向和路径是垂直的,勾选"跟随"选项,选择蝴蝶的轴,将蝴蝶翻转过来,让它面向前方,然后调整到正确的角度,如下图(左)所示,还可以对它进行旋转,如下图(右)所示。

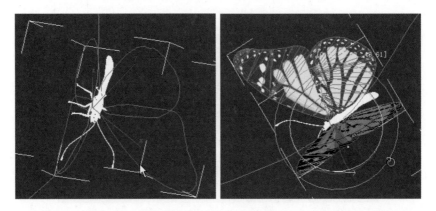

再拖动时间滑块观察一下效果,现在它的飞行方向已经正确了,这就是蝴蝶飞行动画的制作流程。

5.7 后期调节

本节还是通过两款软件来讲解"酷夏之炎"场景的后期处理。

01 首先使用Photoshop进行后期调节。在这里一共有3个图层,在图层1上对这幅图像的亮度、对比度进行了处理,使它在输出时更亮,看得更清楚,在图层2中加了一个暗角,如下图所示。

　　观察图层1副本，先看一下它的效果，在我们对基础图层进行了颜色调节之后，发现画面上大部分都是绿色，没有其他颜色，所以会显得单调一些，而且色彩也不够成熟。虽然在色彩方面，绿色偏向于暖色，但是由于建筑物受到光照之后并没有很暖的感觉，反而会有一些偏冷，如下图所示。

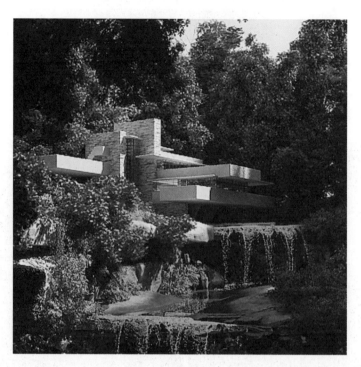

　　02 在后期处理时为它加入了图层1副本，这个图层用来增强暖色的效果，然后将混合模式设置为"滤色"，如下图所示。

　　03 复制图层1，选择复制出的图层，然后降低它的饱和度，再调节它的色彩平衡，为它加入红色、黄色，如下图所示；接着在滤镜中加入高斯模糊，选择混合模式为滤色，降低它的不透明度。

　　我们最终想要的就是增强光照的暖色效果，如下图（左）所示。

　　接下来看一下在 After Effects 中是如何调节的，如下图（右）所示，这幅图是之前在 3ds Max 中直接渲染输出的，导入进来之后明显偏暗。

　　01 首先调整它的亮度。如下图所示，目前这个图层，就是这幅图像的序列帧，拖动一下时间滑块，观察效果，为它加入了"曲线"和"亮度与对比度"特效。

　　02 在增加了亮度、对比度以后，整个画面显得有一些"飘"，无论是亮部区域还是暗部区域，整体显得很亮，使画面失去了这种厚重感。如下图所示，这是笔者调的参数，一般来讲亮度要低于对比度，但是这里的对比度反而高于亮度。

03 如果增加对比度值，观察一下图像，虽然对比度增加了，但同时它的颜色也变得更加饱和，亮部更亮，暗部更暗，有一些失真，这种效果不是笔者想要的，如下图（左）所示。

04 此时可以通过曲线来调整它的对比度，显示一下曲线，观察图像，发现亮部区域很亮，暗部区域并没有明显的变化，如下图（右）所示。

05 一般在做后期处理的时候，使用单个图层很难得到想要的效果，必须借用图层软件的优势，让图层相互叠加来达到目的。笔者在这里添加了一个固态层，然后绘制了一个遮罩图形，在遮罩的外边缘制作一个暗角效果，如下图所示。

06 这个图层是一个Z通道图像，双击一下，如下图（左）所示，这是笔者在渲染时输出的一个通道，可以体现图像的生动感。显示这个图层，可以很明显地看到，建筑后面的这些树有了层次感，将Z通道叠加到图层后，近处也变暗了，如下图（右）所示。

上面介绍的这些命令都是后期处理阶段最常用的一些工具，比如亮度与对比度、曲线等，关于后期处理的操作就讲到这里。

→ 5.8 把握"酷夏之炎"场景的氛围

在上一节中我们对"酷夏之炎"场景的后期处理进行了讲解，在做后期调节时使用的都是很基础的命令，操作也非常简单，最终的目的也是为了更好地表现场景的氛围。

有很多读者为了追求技术会找很多教程来学习，有些教程所使用的命令非常复杂，看似很高级，但最终表现出来的效果却很一般。在这里想提醒大家，软件是工具，无论使用的是高级复杂的命令，还是简单实用的命令，把握场景最终的氛围才是最重要的。

我们用本案例进行说明，可以先隐藏其他图层，显示最基本的图层，在这个图层中笔者添加了"曲线"和"亮度与对比度"特效，也将它隐藏，此时显示的是原始的图像（在 3ds Max 中输出时得到的图像）。在 3ds Max 中渲染的时候是没有这么暗的，但是用 Photoshop 或 After Effects 打开以后，它的整体颜色就会偏暗，那么对于这样的图像在后期中该如何调节及把握它的氛围呢？

在调节的时候需要注意几点，首先看到图像比较暗，就要为它增加亮度，在增加亮度的同时当然也要调整对比度，如果亮度为41，对比度为0，此时图像表面像是覆盖了一层雾，如下图（左）所示，这种效果肯定不符合要求。

那么对比度值具体增加到多少才合适呢？完全要靠自己的感觉去调节，比如笔者将对比度值调到33，此时亮部和暗部的对比效果还是可以的，如下图（右）所示。

再用曲线命令进一步调整画面的对比度，调到一个比较合适的状态，如下图所示，亮部非常亮。

当画面达到一定的亮度不再那么暗的时候，可以在它的上面加入其他命令，调节颜色。在这里笔者没有调节颜色，因为在观看动态效果的时候，场景氛围还不错，比在 Photoshop 中调节要好一些，所以没有调节颜色。读者也可以尝试对颜色进行调节，将该图层复制出来一份，加入一个颜色调节命令，比如 CC 调色，如下图所示。

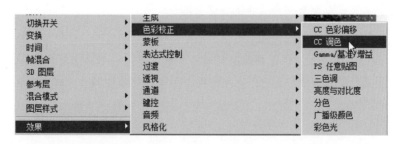

选择一种偏红色的颜色，然后选择一种叠加方式，再降低它的透明度，如下图所示。

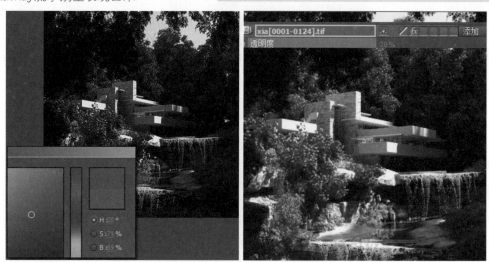

这与我们在 Photoshop 中调节的方法其实是一样的，只不过用到了 After Effects 的一些命令，其次是位置发生了变化，效果如下图所示。

调节完颜色之后还要对其他元素进行调节，比如添加一个暗角或调节它的深度，等等，现在所做的这些工作，其实就是为了让画面有一个更好的整体氛围。

美术制作上讲究的是从整体到局部再到整体，也就是说在初始阶段，我们要从整体出发，对整幅画面上每个物体的位置、大小，以及色彩搭配进行考虑，然后才到细节，细节调节完成之后还要回到整体，比如在这个案例的后期处理中，有一些不足的地方可以再细致地调节，调节完这些细节之后，才能最终输出。

中秋之夕

秋天的场景与春季、夏季不一样，尤其是植物的叶子，颜色非常丰富，在表现时应抓住这个特点。本章首先对秋天的环境进行分析，然后修改植物素材并调节它的材质，使其符合秋天的自然环境。在做后期调节时，要特别注意对场景气氛的把握，表现出建筑在中秋黄昏下的意境。

⊙ 6.1 秋天的环境分析

本节我们对秋天的环境进行分析，秋天共包含 6 个节气，分别为立秋、处暑、白露、秋分、寒露、霜降，在本书的这个案例中，笔者选择的是中秋，大致在白露这个时节，也就是每年的 9 月到 10 月这个时间段，有些树叶都已经变黄或者凋落，如下图所示。

从叶子的颜色来看，景色还是很美的，特别是在秋季黄昏，太阳落山的这个时间段，景色更美，所以在制作这个案例时，笔者想要表现的是"中秋之夕"这个场景。在秋季黄昏这个时间段，阳光呈现出来的颜色属于一种金黄色，照射在金黄色和红色的树叶上，会显得非常耀眼，在整幅画面中应该是很好看的，画面美感也很好处理。

关于中秋时节的环境分析就介绍到这里。

⊙ 6.2 修改植物素材

按照前面章节的讲解顺序，本节应该讲解时间分析，还有气候、空气密度的分析，以及场景搭建的操作，但是对于每一个季节来讲，这些内容的分析和讲解都差不多，这里就不赘述了，读者要学会举一反三。

本节我们直接讲解植物素材的修改。

同样，启用树木风暴插件，选择一棵树，将其他植物隐藏，我们对这棵植物进行修改，在夏季场景中，我们已经把它的叶片数量修改为 50 多万，如下图所示。

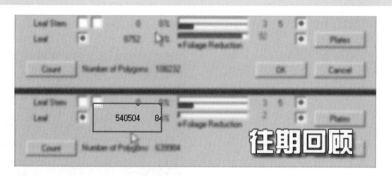

中秋时节，植物的叶片数目和夏季的又有一些区别。在现实环境里，在中秋这个时节，有一些植物，它的树叶会掉落，但不是很多，所以在这里调节的时候要让它少一些，将叶片数量设置到 30 多万就可以了，如下图所示。

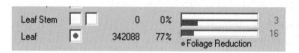

如下图所示，目前植物叶片的数量和夏季的相比，从视觉上来看没有太大区别，这是我们想要的效果，如果叶片掉落得太多，则不利于表现中秋黄昏这个场景了。

在本节中，要讲的内容不多，重点不在于如何修改它的素材，而是要让读者知道不同的节气都有它自身的特点，要善于把握这些元素。

本章要表现的是"中秋黄昏"的场景效果，此时植物的叶子掉落得并不会太多，如果掉落得太多就接近于冬季了，相反，如果树叶的数目很少，则与中秋的这个时节完全不相符，从感觉上讲也是不对的。

6.3 调节秋天植物的材质

01 还是以上面提到的这棵树为例，选择它，在材质编辑器中找到它的材质球，然后直接找到它的树叶贴图，ID号是19，如下图（左）所示。

02 笔者已经制作好了一张秋季树叶的贴图，如下图（右）所示。

 提示 在这张贴图中，树叶本身是金黄色的，为了让它有一些变化，笔者在树叶的中间部分加了一些红色。

打开这张贴图，显示整棵树的材质，如下图所示，目前这种效果就符合要求了。

03 观察一下材质的其他部分，每一个物体的材质都有一些高光，树叶的叶片可以稍微给一些高光，如下图（左）所示，不要太高。当阳光、物体与摄影机形成一个夹角的时候，从某些角度观察，叶片的高光位置并不完全是平面，如果不设置高光，那么这种自然的效果就体现不出来了。

04 因为这是一棵远景中的植物，所以不用设置凹凸和反射，在"漫反射颜色"通道中设置一张贴图就可以了，如下图（右）所示。

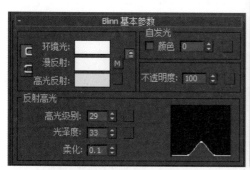

观察最终渲染的图片，如下图所示，这张图片已经经过后期处理，可以看到整体效果有一些偏紫，这种偏紫的颜色正好体现出秋季时略微寒冷的感觉，阳光直射在这些植物上，有一些植物偏绿，有一些偏黄，还有一些偏红。

仅通过这一张贴图还满足不了我们的要求，在场景中会有多种类型的树和植物，要用到各种不同的材质，如下图所示，为了让场景中树叶的颜色更加丰富，可以多选这种贴图来进行混合。这里要注意一点，到了秋季并不是所有的树叶都会变黄，有一些树叶的变化比较早，而有一些比较晚，只有这样才能形成自然的过渡现象。

如下图所示，在这张图的下半部分，有很多灌木、矮小的植物还都是绿色，但是这种绿色和夏季的又是不一样的。

因为到了秋季的时候，空气逐渐变得干燥，这些植物会慢慢失去水分，所以植物茎叶的颜色会发生变化。在如下图所示的草地上，我们看到这些草还是比较绿的，而且上面还有一些反射，因为这里有流水经过，这些流水会影响到整个场景，同时草的生长能力要比其他植物强，所以枯萎的时间会晚一些。在表现中秋时，大家可以观察一下真实世界中草地的颜色到底是什么样的，如果在表现的时候总是想当然地将地面部分做成绿色，那么会与上面有一些脱节，所以在这里加了一些干枯的植物，起到一个烘托和过渡的作用，从色彩方面来讲，也更协调一些。

对于秋天植物材质的调节，操作比较简单，主要是添加了几种不同颜色的树叶贴图，来表现出这种自然景观的变化，贴图的设置情况如下图所示。

	数量		贴图类型
☐ 环境光颜色 . . .	100	⬍	None
☑ 漫反射颜色 . . .	100	⬍	Map #113 (chun_ye1.jpg)
☑ 高光颜色	100	⬍	dels61_ficus_leaf_opacity.jpg)
☐ 高光级别	100	⬍	None
☐ 光泽度	100	⬍	None
☐ 自发光	100	⬍	None
☑ 不透明度	100	⬍	dels61_ficus_leaf_opacity.jpg)
☐ 过滤色	100	⬍	None
☐ 凹凸	30	⬍	odels61_ficus_leaf_bump.jpg)
☐ 反射	20	⬍	Map #123（VRayMap）
☐ 折射	100	⬍	None
☐ 置换	100	⬍	None

关于植物材质的调节就讲到这里。

⊙ 6.4 VRay三步法设置

关于 VRay 三步法设置，在讲解春、夏场景表现的时候都详细介绍过，秋季场景中，除了灯光的方向不一样，其他设置都相同。

01 在表现春季场景的时候，灯光放在视图的右侧位置，模拟清晨的环境，在黄昏时光线正好和清晨相反。可以直接利用清晨这个阳光，将它的位置调换一下，如下图所示，大概在这个位置，看一下它的高度，目前的高度合适。

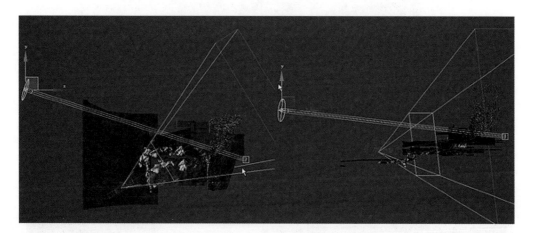

02 看一下阳光的参数，在调节春季场景的时候倍增值为0.2，如下图所示。在秋季场景里，我们来测试一下，首先隐藏植物。

注意 有些初学者总习惯于将参数值背下来，这种方法其实不妥，应根据我们具体要表现的效果或者场景氛围来设置。

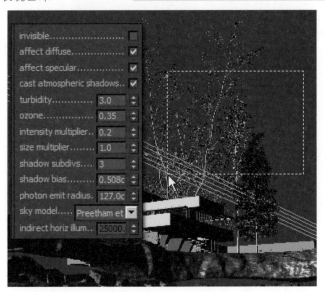

渲染一下，从光子图就可以看到，春季的时候在环境面板中加入了雾效，所以现在的建筑有一点雾蒙蒙的感觉，如下图所示。在表现秋季场景的时候不需要雾效，可以暂时将它关闭。

03 修改一下渲染的参数，如下图所示。

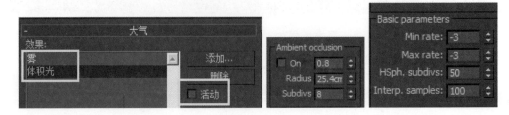

04 现在光源的方向合适，但是高度还要调整一下，让它稍微低一些，再渲染一次，如下图所示。

目前光线呈现出来的效果要比刚才暖一些，符合黄昏这个时间段的光照特点。

05 在之前测试的时候，这些参数值都设置得比较低，如下图所示，目前阴影细分值为3，可以看到在阴影的部分产生了许多杂点，这个很好解决，只需要将该值提高就可以了。

06 在黄昏的时候，阴影的边缘和夏季正午时的不一样。缩小场景进行观察，目前这个边缘很锐利，不像是黄昏时间段的阴影，如下图（左）所示。它应该是一个很柔和的边缘，在测试小图的时候要把它调整好，可以通过设置修改面板中倍增器的大小来调节，渲染一下，效果如下图（右）所示。

07 此时的阴影非常柔和，但是又太过柔和了，因为这两个物体一个横向摆放，一个竖向摆放，

它们之间的距离非常近，在这种近距离下不会产生如此柔和的阴影，可以调节到一个适中的程度，将倍增器值设置为7，渲染一下，如下图所示，这个效果就可以了。

关于VRay其他两步的设置，这里就不赘述了，和之前的调节方法是一样的。

⊖ 6.5 后期调节

本节简单介绍一下后期的调节方法，和之前的后期调节一样，本节使用的命令都差不多，就不做详细介绍了。

01 在Photoshop中我们制作的图层很简单，因为有许多操作可以直接在原图上进行，不需要通过复制图层进行编辑，图层面板中只有两个图层，一个是原图，一个是加了暗角的图层，如下图所示。

02 在原图上笔者直接调节它的色相/饱和度、色彩平衡，以及它的亮度/对比度，如下图所示。

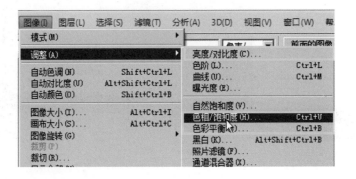

再看一下在 After Effects 中的编辑，如下图所示，这就是渲染输出后得到的效果，因为是动画，在输出的时候没有进行锐化，所以看起来稍微有一些模糊，但是作为动态效果，这种模糊恰到好处，不会在播放动画时，让物体的边缘出现闪烁。

03 在这个图层上添加了曲线、亮度/对比度和色彩平衡特效。将"色彩平衡"特效显示出来，可以看到色彩平衡的参数大部分都是默认的，笔者只调节了它的高光蓝色平衡，场景中亮部区域会呈现出一种蓝色，配合它本身的这种红色、黄色，再与蓝色相混合，就产生出了这种偏紫的颜色，这种紫色在我们的整体画面中还是比较协调的，既体现出了冷色调，在整幅画面的颜色中又不那么浮躁，这是加入色彩平衡的一个意义。

04 其实在目前这个状态下，不加"亮度/对比度"也是可以的，但是笔者想让它在亮部区域和暗部区域形成一个稍微强烈的对比，如下图所示。

05 为这个场景添加"曲线"特效，让整个场景亮起来，大家可以根据自己的审美选择合适的命令，调节合适的参数，如下图所示。

06 在下面还增加了Z通道，来体现中秋黄昏的深度感。此外还加了一个暗角，但整幅画面有一些"脏"，亮度也不够，可以启用"曲线"特效，如下图所示。

CHAPTER 07
第7章

寒冬之夜

本章要表现的是"流水别墅"在冬天的夜景效果。冬天是一年中最冷的季节,"冰天雪地"往往是我们对冬天的第一印象,在表现的时候要抓住这个关键元素,此外,室外光源的设置要突出"冷"的特点,通过室外、室内灯光的冷暖对比,最终表现出"寒冬之夜"的氛围。

7.1 冬季的环境分析

冬季也包含 6 了个节气，分别是立冬、小雪、大雪、冬至、小寒和大寒。

在冬季里，最突出的一个特点就是冷，所以大家要抓住这个"冷"字，无论是立冬，还是小雪、大雪、冬至、小寒或大寒节气，气温会逐渐下降，"冰与雪"通常是冬季最直观的特征，如下图所示。

在这个案例中，笔者想表现的是流水别墅在寒冬时节里的场景，它的特点就是气温在零度以下，水面上通常有冰层覆盖，有时天空会飘一些雪花，如下图所示。

下面开始学习制作这个场景。

7.2 修改植物素材

在冬季，许多植物的叶子都已经掉落，但是在目前这个场景中，有些植物的叶子还保留在枝干上，我们要利用软件去掉这些叶片。

01 打开TREE STORM软件，在这里可以调节它的叶片数量，可以根据实际需要来选择，如下图所示。如果你认为在冬季时，植物的部分叶子还保留在枝干上，那么也可以将叶片数量调整到合适的大小；如果你想让植物不保留任何叶子，则可以取消选择Leaf选项，这样通过计算，它的叶片数量就是0，但在现实环境中，即使在冬天，植物的枝干仍然会保留少量的叶片。

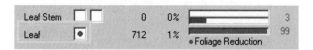

02 这里将数量值调整为99，计算一次，此时在一棵树上就会有712个多边形物体，但并不表示这棵树有712个叶片。因为每一个叶片由4小片组成，所以用712除以4，大约是100多个叶片，这个数量符合该场景的需要，如下图所示。

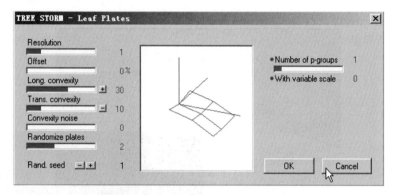

03 放大这个视图观察，发现这棵树的叶子非常少，如下图所示。用前面介绍的方法，将数量值修改为99，然后用同样的方法修改其他植物的叶片。

04 可以通过渲染来得到树上积雪的这种效果，在后面会讲到设置方法，这里首先将其他物体隐藏，只显示出这棵树，然后在前视图中对它进行渲染，目前这棵树显示得不太清楚，可以在"公用参数"卷展栏中关闭它的VRaySky，将背景色设置为黑色，如下图所示。

05 现在这棵树缺少贴图，我们先为它加入贴图，用吸管工具吸取一下这棵树的材质，找到它的树干，渲染一次，如下图（左）所示。

06 现在这棵树的贴图已经添加给模型了，接下来在树干上添加一些积雪的效果，可以单独地渲染出一张图，专门制作它的高光部分。首先将灯光显示出来，隐藏其他的物体，将强度倍增值设置为1；然后在渲染设置面板中关闭它的GI，其他的参数保持默认，如下图（右）所示。观察场景发现，光线照射位置不正确，可以调整一下，让光线垂直向上照射，就得到了受光部分，白色背光的部分显示为黑色，这就是我们制作的高光通道，将来在后期处理时可以使用这张图片直接进行合成，通过白色部分做出"积雪"的效果。

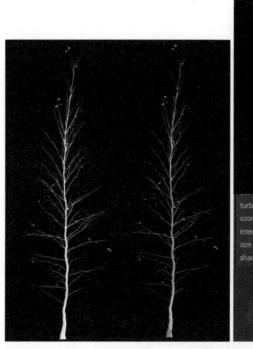

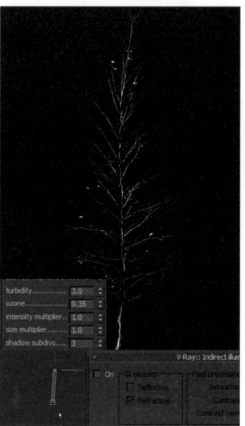

关于植物素材的修改就讲到这里。

7.3 制作雪地模型

如果想表现纯静帧的效果，雪地模型的表现还是比较容易的，我们可以调用后期素材，但是要制作成动画，则需要将一些雪地实体摆放在场景中。

选择已经制作好的雪地模型，隐藏其他的物体，形状如下图所示，可以看到在右边的堆栈器中，下面有一个可编辑多边形，然后加入了 UV 和置换，它的制作方法其实和石头的差不多，只是在形状和材质上有一些变化。

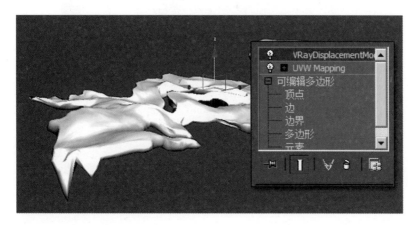

下面介绍一下雪地模型的制作方法。

01 在顶视图中创建一个平面，按F4键显示一下它的段数，可以将段数多增加一些，让它产生出这种凹凸不平的感觉，然后直接将这个平面物体转换为可编辑的多边形，如下图所示。

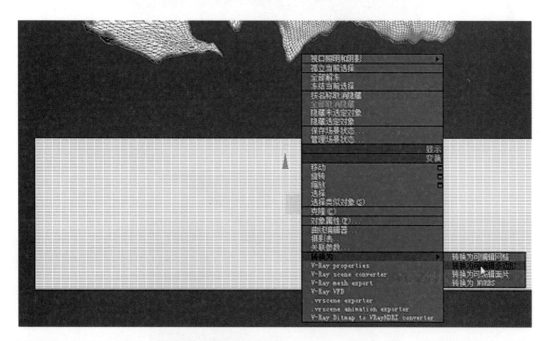

02 选择它的点，进入"软选择"卷展栏，勾选"使用软选择"选项，可以任意选择一个点，查看一下它的范围，在平面上拖动鼠标左键，将它调整为不规则的形状，如下图所示。

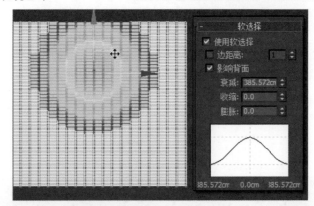

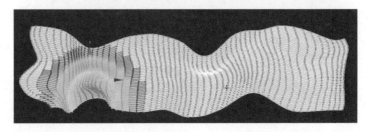

03 还可以对平面的高度进行编辑,可以选择一个区域,让它高一些或者低一些,制作出凹凸不平的效果,如下图所示。

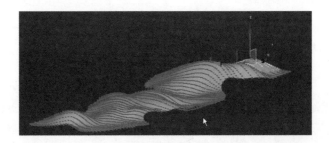

04 对于中间漏空的部分,可以选择它的面进行删除。可以在工具箱中选择一个像喷雾器的选择器,然后选择对象(注意不要使用"选择并移动"工具),然后单击想要删除的地方,但是现在它的范围有一些大,将视图放大进行选择,然后删除,如下图所示。

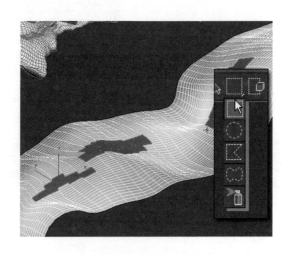

05 目前这个平面的边缘不够光滑，可以加入"网格平滑"修改器，增加它的迭代次数，然后观察这个边缘，发现没有太大的效果，如下图所示。

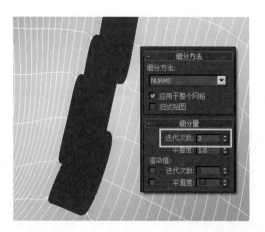

06 这里使用一个简单的工具MultiRes，如下图所示，先单击"生成"按钮，降低它的百分比，减少平面物体的网格数量，让它以少量的面数来显示。

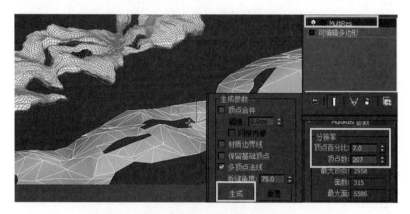

07 再加入"网格平滑"修改器，发现边缘已经变得很平滑了，如下图所示。

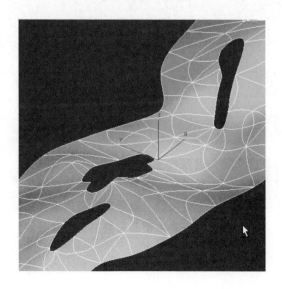

　　其实在最初创建平面物体的时候，就可以用少量的模型面数来制作出这种形状，然后再为它加入"网格平滑"修改器，这样效果会更好一些。

　　08 在平滑的基础上，再为平面物体加入"噪波"修改器，通过噪波来实现这种非常细小的凹凸不平的效果。首先勾选"分形"选项，设置种子数为3，提高强度值，如下图所示，使平面物体有一种非常自然的不规则的凹凸质感，现在如果赋予材质，效果会更好一些。

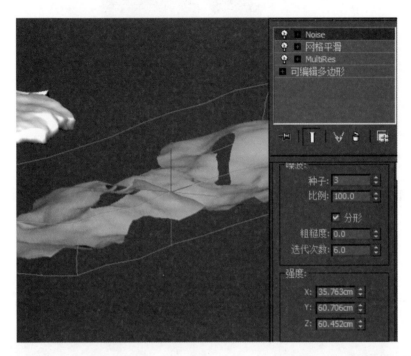

　　09 在"网格平滑"修改器上面加入一个"壳"命令，让平面物体向内部挤压；然后返回到"噪波"修改器进行观察，发现它的边缘不太真实，应该更圆滑一些，可以把"壳"命令拖曳到"网格平滑"修改器的下面，这样效果就好多了，如下图所示。

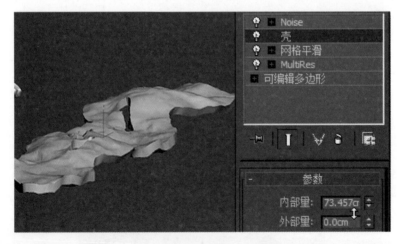

　　10 在所有命令的基础上可以加入VRay置换来体现平面物体更加细小的凹凸变化，如下图所示。

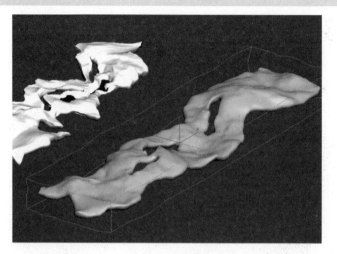

这就是雪地模型的制作方法。

7.4 调节冬季植物的材质

我们之前在修改植物素材的时候简单地介绍了树挂（雾凇）的制作方法，当然也有一些叶片会覆盖一层雪，此外，并不是所有树木的叶子都会掉落，如下图所示，这个树种就是松柏，在冬天，它的叶子不会掉落。

我们需要在它的材质调节上下工夫，在介绍冬季场景的时候，笔者特意在建筑上铺了一些积雪，如下图所示，它的材质和地面上积雪的材质是一样的，在讲解雪地材质的调节时会详细说明。

接下来详细地说明一下，在冬季时这些植物的材质是如何表现的。首先在场景中选择这个材质，材质编辑器中会显示相应的材质球，这个材质其实是笔者后来自己编辑的，可以看到它含有一些绿色，在其他区域笔者使用笔刷进行涂抹，在局部还会留下一些底色，如下图（左）所示。

可以查看一下原图，如下图（右）所示。

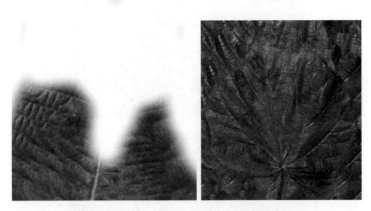

如下图所示，这些就是在制作冬季场景时所用的贴图，全部都是树叶贴图，其实它们原来的形态和夏季时用的贴图没有太多差别，但是为了体现冬季植物上的积雪效果，笔者对原图进行了修改，添加到这棵植物上之后，效果还是不错的。

archmodels58_...   archmodels58_...   Archmodels61_...   Archmodels61_...   chun_ye1   chun_ye2

从视图中可以看到，有白白的积雪挂在树上，最终的渲染效果就是这样，如下图所示。

整体效果看起来比较暗，但是我们可以看到，在这里像是有积雪挂在树上，这并不是绿色的植物，包括下面的这些矮小的植物，它的贴图都重新编辑过。

可以仔细看一下这些贴图，除了这些纹理，还有一些反射，因为在冬季时树木的树叶较少，加入反射后，场景的渲染速度并不是那么慢，然后可以设置一些光泽度，细分值也比较高，如下图所示。

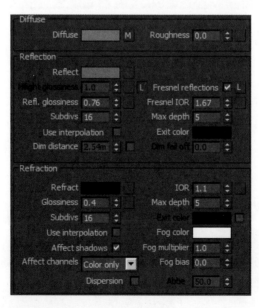

关于冬季植物材质的调节就讲到这里。

7.5 VRay三步法设置

VRay 三步法设置，在前面的章节中已经介绍过多次，这里就不赘述了，我们只讲第 1 步设置。

本节介绍的是夜景的表现，国内的效果图一般很少表现真正的夜景，通常是一个傍晚的时间段，此时太阳已经下山，但天色还没有完全暗下来，我们也用这样的思路来表现"流水别墅"在"寒冬之夜"的场景。

这个时间段的表现同样与太阳的位置有关系，还有它的一些参数。

01 先隐藏场景中的这些植物，之前讲解"早春之晨"场景的时候，在环境面板中加入了雾效，在这里可以删除，如下图（左）所示。

02 在渲染设置面板中，可以将图像尺寸改小一些，如下图（右）所示。

03 将最小率、最大率值也设置得小一些，关闭AO选项，如下图（左）所示，将它的模式改为默认的单帧，如下图（右）所示。

04 渲染场景，观察效果，发现之前的雾效已经没有了，如下图所示。

05 在场景中没有多余物体的情况下，我们来调节灯光的位置，要让它呈现出下图所示的这种感觉。

06 在场景中没有阳光直射到的区域，全部都是天光所产生出来的这种光影，所以需要调节一下阳光，首先将它的位置向上移，移动到建筑的后方，如下图所示。

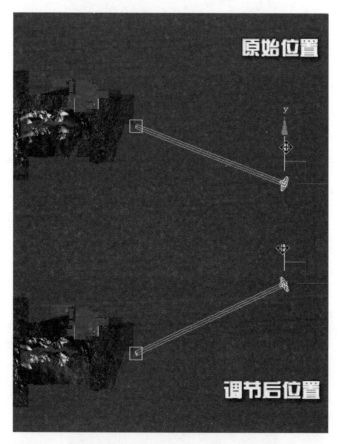

大致的高度如下图所示。

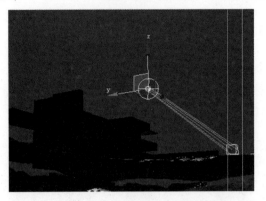

07 在参数面板中勾选"不可见"选项，不让它显示太阳的光点。渲染场景，现在这张图有两个问题，一是整个场景太亮了，二是阳光产生了直射效果，如下图所示。

08 首先取消勾选enabled选项，不让它产生这种阳光直射的效果；其次降低它的倍增值，设置为0.05，如下图所示。

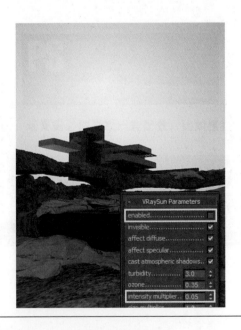

09 渲染场景，如下图所示，现在就有了这种逆光的效果，但是灯光的位置还是有一些高，可以再低一些。

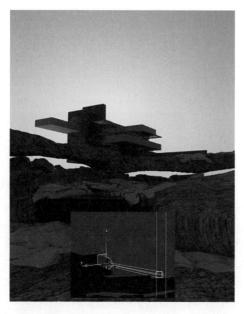

渲染场景，现在这种效果更像是傍晚的感觉，如下图所示。可以稍微增加一下灯光的倍增值，让近处稍微亮一些，过暗的场景对于后期编辑也是不利的。现在的这个亮度已经满足笔者的要求了，这里（红框内）有物体的反射，其实这个没有关系，因为在场景全部显示出来之后，这个区域会被遮挡住。

关于"寒冬之夜"场景的 VRay 三步法设置就讲到这里。

⊙ 7.6 调节配景的细节

在这个场景中主要添加了飘落的雪花，这个雪花效果是通过两种方式添加的。一种是在 3ds Max 中进行制作，然后通过粒子系统制作出下落的雪花；另一种是在 After Effects 中添加，在 After Effects 中添加相对来说更自然、简单一些。下面介绍这两种方法。

01 在3ds Max中打开创建几何体面板，在下拉列表下找到"粒子系统"，然后选择"雪"，如下图（左）所示。

02 可以在视窗中拖曳出一个矩形，这个矩形可以创建在摄影机这个位置，不需要太大，只需要在近处看到雪花飘落就可以了，如下图（右）所示。

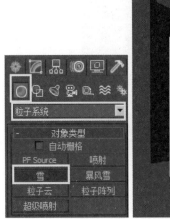
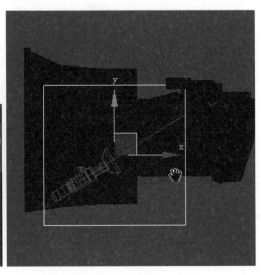

03 高度适中，如下图（左）所示。在摄影机视图中，如下图（右）所示，将矩形稍微倾斜一下，调整一个角度，因为本场景表现的是雪花飘落的效果，不是暴风雪，所以微微摆动就可以了，然后设置一下它的参数。

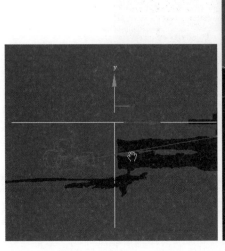
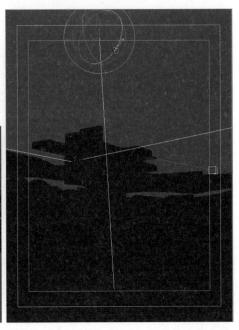

04 将时间滑块往后拖动一下,雪花出现,首先修改它的寿命值为100,设置开始值为-100,如下图所示,也就是说从-100开始它就有下落的效果了,它的速度也决定着雪花掉落的位置。

05 播放一下动画,看到它的速度非常快,调慢一些,再播放一下,大概在这个速度就可以了,如下图所示。但是在这个速度下,它不能从画面的上方飘落到最下方,所以需要将粒子系统向下拖曳,播放一下。

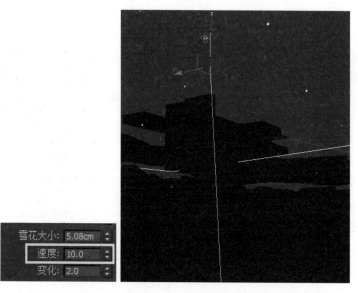

06 可以通过缩放工具将它拉长一些,向上抬高一些,播放一次,如下图所示,速度可以再慢一点。

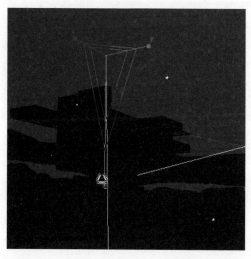

关于变化、翻滚等参数可以根据自己的喜好来调节,这里保持默认即可,如下图所示。

如果觉得雪花有一些少，可以再添加一些，但是不要太多，这里所添加的飘雪效果只是为了烘托气氛，不要影响到整体，这就是在 3ds Max 中设置雪花飘落动画的方法。

笔者在制作的时候没有使用雪的这个粒子系统来制作，而是使用的"暴风雪"，它的调节参数相对来讲比较多，比较繁琐，但是在真正制作的时候，思路都差不多，这里就不再演示了。

接下来介绍在 After Effects 中添加雪花特效的操作。

01 在这里添加了一个下雪的特效。可以在图片上直接单击鼠标右键，从弹出的菜单中选择"效果 > 模拟仿真 > CC下雪"命令，如下图所示。

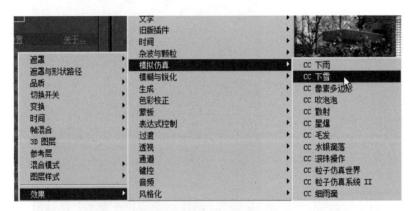

02 添加之后可以调节它的数量、速度、幅度、频率、雪片大小等参数，如下图所示。这里笔者还调节了它的透明度，让它不那么明显，不影响到画面的整体效果，只要有飘落的感觉就可以了，在 After Effects中添加雪花还是比较简单的。

这就是寒冬配景的调节。

7.7 室内光的表现

在表现冬季夜景的时候，由于场景中大多数的物体、大面积的物体都暴露在室外，所以在室外部分要表现出冷的感觉，但是在夜景中室内肯定是有光源的，而且发射出来的光线一般以暖色调为主。

01 打开灯光面板，在下拉列表中选择VRay，然后选择VRayLight，在前视图中创建一盏灯光，也就是面光源，如下图所示。

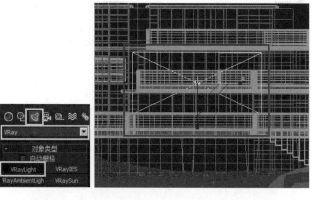

02 在顶视图中调整它的位置，由于线框太多，分不清它具体的空间位置，因此可以在用户视图中编辑，这样能看得更清楚一些，如下图所示。

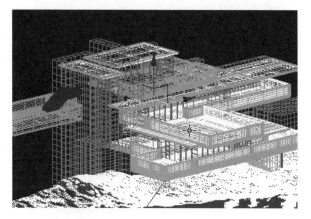

03 可以先将灯光拉出来，然后沿y轴反转它的方向，如下图所示。

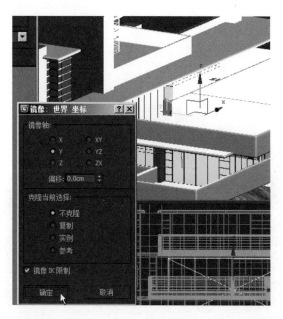

04 让它再靠内侧一些，调整它的参数，增加高度和长度，使灯光能同时照到3层楼，大概在这个位置就差不多了，如下图所示。

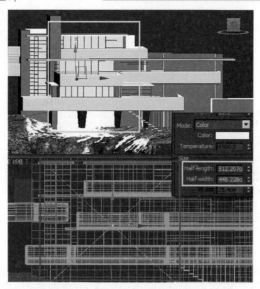

05 调节灯光颜色为暖黄色，如下图所示，进入摄影机视图，渲染一次。

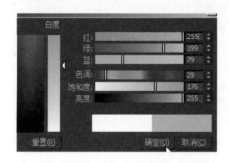

现在室内就有了亮度，但是还不够，主要是因为在场景中打灯光的这个位置比较靠后，所以渲染时它前面的亮度还不够，如下图所示。

06 将灯光复制出来一个，然后调节它的高度，让它低一些，作为第2层楼的灯光，不要照到其他区域，如下图所示。

07 接下来设置第1层楼的灯光。在渲染图像中，1层楼的灯光在当前位置的亮度还不够，让它更亮一些，可以旋转灯光，使它向上照射到天花板上，然后适当设置Half-length和Half-width值，现在室内的光线已经很亮了，如下图所示。

08 如下图所示，在2层楼的这个位置，它的灯光要弱一些，在侧面这一区域，灯光更强一些。可以将灯光复制过来，将Half-length值设置得小一点，Half-width值设置得大一点，如下图所示。

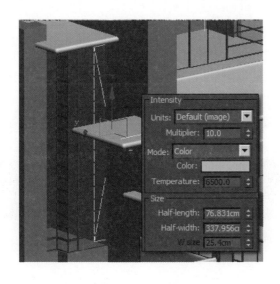

09 为了让灯光有一个从上到下的强弱变化，可以将它旋转，如下图（左）所示，这样更接近窗口的部分光线更亮，越到下边越弱，渲染一下，如下图（右）所示。

这就是设置灯光的方法，现在看到的灯光颜色都是一样的，可以让某些区域的灯光偏向于黄色，也可以偏向白色或红色，总之让灯光产生一些变化，通过颜色的变化来体现出它的不同层次，进而丰富整个场景。

⊙ 7.8 后期调节

在 Photoshop 中的调节方法，这里就不赘述了，操作很简单，可以参考前面章节中的内容。下面看一下在 After Effects 中是如何进行后期调节的。

01 还是和以前一样，新建3个固态层，分别为原始层、Z通道层和遮罩层，如下图所示。

我们在原始层上对它的颜色进行了修改，如下图所示，这是之前渲染出来的图像，它的颜色就是这样，没有任何深度感。

02首先加入了下雪的特效，通过雪花来增加画面的进深感，画面中有一些雪花比较大，有一些雪花比较小，有一些比较清晰，还有一些比较模糊，都可以在这里调节，如下图所示。

03加入"色彩平衡"特效，在色彩平衡中调节它的颜色，重点调节高光红色平衡和高光蓝色平衡。高光红色平衡主要用来体现室内光线的这种氛围，可以看一下，在调节了高光红色平衡后，整幅画面有一种偏红的感觉，但是这会影响到整体效果，我们要让画面"冷"下来，所以又调节了高光蓝色平衡。红色和蓝色加在一起就是紫色，在整幅画面中有一种偏紫的效果，同时也体现出了这种冷的感觉，如下图（左）所示。

04"曲线"特效用来调整画面整体的亮度和对比度，如下图（右）所示。

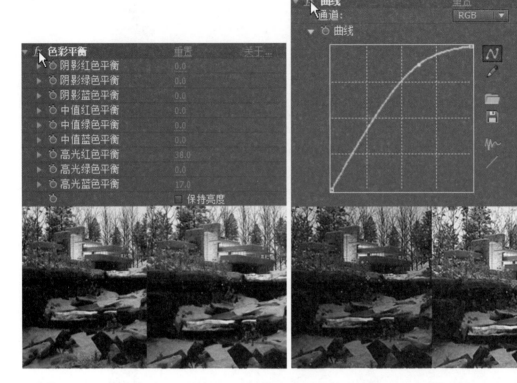

05 再看一下第2个图层，笔者加入Z通道来增强它的深度感。因为在冬季，而且天空还飘着雪花，雪花叠加在一起之后，自然而然会对视线产生遮挡，我们一般使用Z通道来实现这种效果，如下图所示。

 提示 Z通道的作用就是让近处的场景暗一些，让远处的亮一些，使建筑的背面形成这种深度，远处的树和建筑在Z通道的作用下产生了这种距离感。

06 加入了一个遮罩层，用来制作暗角，如下图所示。

这就是在 After Effects 中对场景进行后期调节的方法。

流水别墅在"春、夏、秋、冬"四季中的场景表现到这里就全部讲完了。接下来我们对这些内容进行梳理和总结，回顾一下案例涉及的分析方法、制作思路及操作技法。

⊙ 7.9 案例总结

在表现四季场景之前，我们会对各季节及时间段进行分析，内容包括节气、时间、气候、空气密度等，然后介绍了如何搭建场景、修改素材，以及调节材质，还讲解了 VRay 三步法设置的操作，如下图所示。

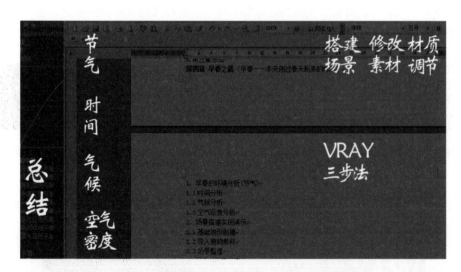

介绍的内容比较完整，尤其是"早春之晨"和"酷夏之炎"这两章内容，在介绍秋季和冬季场景的时候，因为很多内容和之前的相同，所以没有重复进行介绍，如果读者想看详细的内容，可以返回到前两章学习。

在这 4 个案例中，对每一个节气进行了分析，它们有各自不同的表现和不同的特征，所以在制作作品的时候，抓住节气的特点很关键，如下图所示。

节气 有各自的不同表现，不同特征。
第四章 早春之晨（早春——冬

在每一个案例中，时间分析、气候分析和空气密度分析，这 3 项工作要做好，因为在每一天中，从早到晚，太阳的位置及它的发光强度都是不同的，如下图所示。

时间 太阳位置、发光强度不同。

关于天气，今天是晴天，明天可能是阴天，后天有可能是雨天，所以在每一天中，天气的变化没有规律，时而明显，时而微弱，同时也会影响到空气的密度或者湿度等，这一点也要注意，如下图所示。

气候 变化非常微弱，非常细腻。
1.早春的环境分析(节气)
1.1时间分析
1.2气候分析
空气 气候的变化也会影响到空
密度 气密度、湿度。

在搭建场景时，笔者只大概讲了搭建的过程和方法，以及在搭建时需要注意的问题，在第 2 章的时候就已经讲解了石头、树、草地、流水等配景的制作，如下图所示。

搭建 修改 材质 讲解了具体的物质制作，如石头、
场景 素材 调节 草地树木、流水。

在讲解每一个案例的同时，又细致地把这些问题剖析了一遍，主要是让大家更深入地体会这种技法的应用。

在渲染时笔者也多次强调了 VRay 三步法设置，可能读者在刚开始的时候不清楚 VRay 三步法设置的意义，也不了解该如何设置，所以在每一个案例中，多次讲解 VRay 三步法设置，如下图所示。

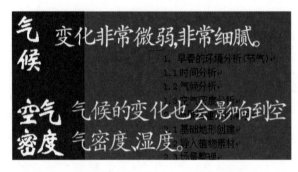

VRAY 三步法 三步法设置是怎样设置的，怎样去用的。

在每一个案例中笔者又加入了烘托场景氛围的元素，比如干枝、枯叶、蝴蝶、雪花等。这些元素看起来不是那么引人注意，但却能将场景的这种氛围烘托到极致，起到锦上添花的作用，不要忽略这些小的细节，如下图所示。

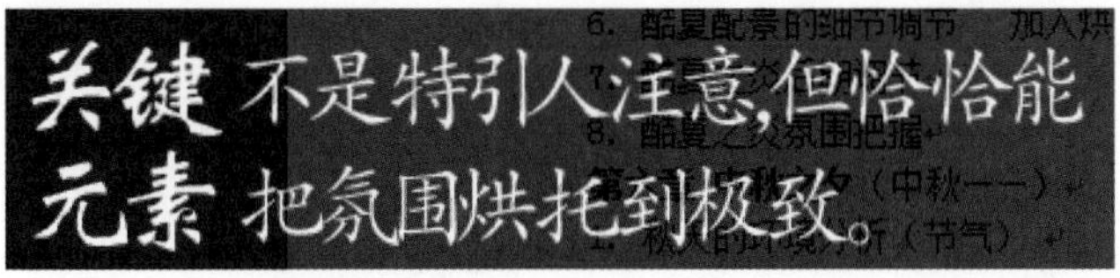

关键 不是特引人注意,但恰恰能
元素 把氛围烘托到极致。

最后在每一个案例中加入了表现氛围的内容。其实在后期调节时就已经讲解了,只是从技术方面来把握的,随后在理论上介绍了如何对氛围进行把握,这与之前所做的工作是息息相关的,如下图所示。

氛围 对于氛围把握和之前的工作都是息息
把握 相关的。

很多细节的问题都是不可忽略的,如果前面的工作没有做好,到了后期阶段,比如氛围的表现就很难达到要求,这也是笔者提到的"从整体到局部再到整体"的思路,如下图所示。

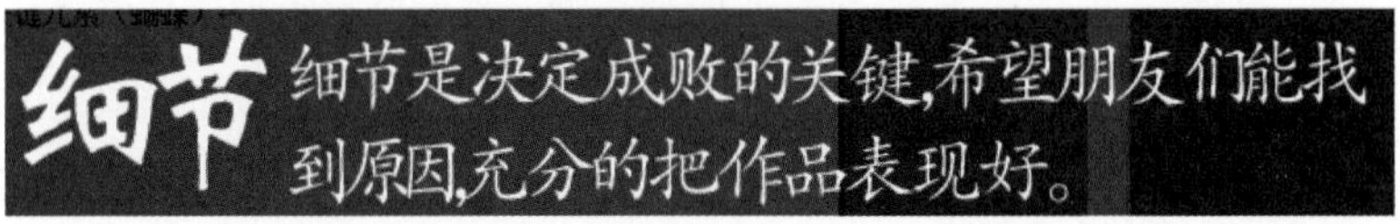

细节 细节是决定成败的关键,希望朋友们能找
到原因,充分的把作品表现好。

可以简单地用两个字来形容——细节,细节是决定成败的关键,很多人的作品没有细节,所以不耐看,有的有细节,但没有表达好,或者表达得不对。

关于 4 个案例的总结就讲到这里。

CHAPTER
08
第8章　　问题总结

通过前面的学习，相信读者已经掌握了"流水别墅"在四季中的表现技巧。作为一名优秀的场景师，不仅要熟练掌握软件工具的使用，最重要的是要提高自己综合分析场景的能力和艺术表现力。本章介绍的内容或许能给读者一些启发，也是笔者多年积累的工作经验与心得体会。

→ 8.1 场景师需要注意什么

在建筑表现这个行业，整个工作流程可以分为建模、材质、渲染和后期 4 个环节。作为一名优秀的场景师，在建模时到底要注意哪些地方呢？笔者认为首先要注意它的季节变化，其次是物体的摆放，还有构图，以及对场景的控制，如下图所示。

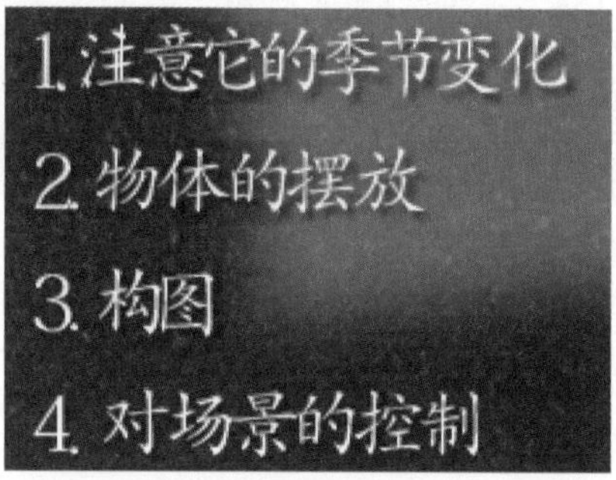

> 1.注意它的季节变化
> 2.物体的摆放
> 3.构图
> 4.对场景的控制

一般在拿到一个项目的时候，首先会建模。在前几年，一般都只是做建筑主体，其他的配景则通过后期来制作，包括现在也是，一些小公司还在沿用以前的制作流程。这种流程的优势就是速度快，但是画面缺乏整体性，由于在后期阶段使用真实素材来拼接，最终搭配在一起的感觉不那么协调，如下图所示。

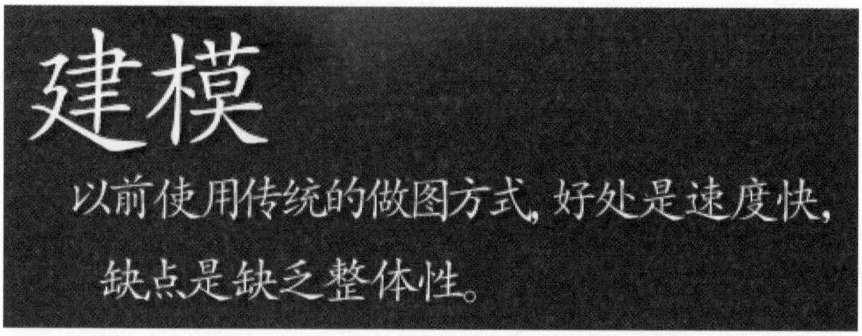

> 建模
> 以前使用传统的做图方式，好处是速度快，
> 缺点是缺乏整体性。

所以在近几年，有很多公司都采用了全模型渲染方法，但是全模型渲染对于场景的把控，要求非常高，我们不能只是学会在场景里面摆放物体，而是要做一个真正的场景师，制作出想要表现的物体，如下图所示。

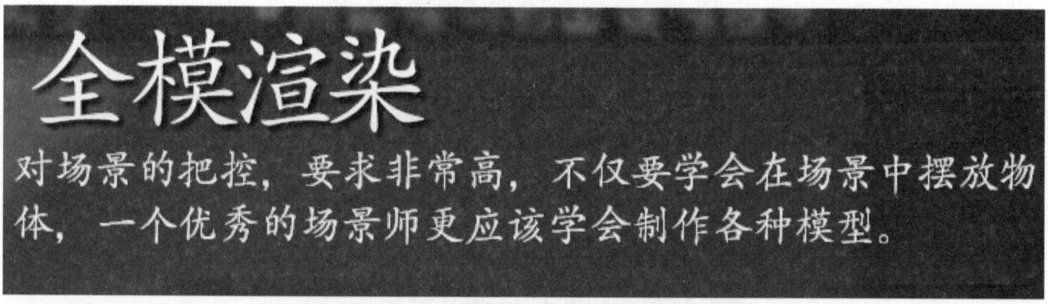

> 全模渲染
> 对场景的把控，要求非常高，不仅要学会在场景中摆放物体，一个优秀的场景师更应该学会制作各种模型。

这也是场景师、建模师需要重点考虑的问题。下面讲一下需要注意的细节，如下图所示。

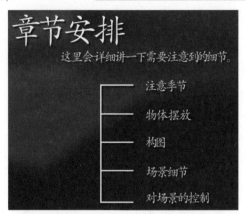

8.1.1 注意季节的变化

本书从开始到最后，我们一直强调每一个季节的特点。在每一个季节中它又包含了很多的节气，在每一个节气中它们又有自己的特点。季节的分析比较透彻，大家要把这一块重视起来，如下图所示。

季节不同，它所体现出来的特点、环境效果也是不同的，如下图所示。

当我们在制作一个真正的案例时，建筑主体要放在画面的中心位置。如果配景单纯通过 Photoshop 进行后期制作，场景师就不需要考虑了，如下图所示。

但如果你的项目是建筑动画，场景里必然要放一些配景，比如植物、车、花草等，如下图所示。

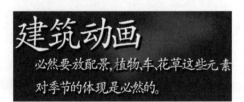

场景中有了植物、花草等配景，就必然要对季节进行体现，所以我们要了解各季节的特点。在每一个季节中，植物的种类、植物叶子的茂盛程度、叶子的颜色等，这些都要考虑到。

这些常识性的问题要处理好，只有把这些真实世界中常见的物质表现出来，才能体现作品的价值，进而打动客户，如下图所示。

其次我们才考虑画面的美感、协调性，如下图所示。

很多人也做过表现四季变化的建筑动画，虽然看起来效果确实不错，每一个季节的变化都表现得很到位，但是总缺少了一种味道，这种味道就是感觉。比如春天，春天应该给我们一种欣欣向荣的感觉，如果没有这种感觉，那么场景的表现就不到位；夏季，阳光很充足，在阳光直射到的地方会很刺眼，而且还会有很热的感觉，这个该如何表现，这也是笔者在前几章经常提到过的问题；秋季，它会给人一种很凄凉的感觉，尤其是树叶掉落的场景，很凄凉；在冬季，如果不能把这种寒冷的感觉表现出来，那么注定是一部失败的作品，如下图所示。

大家在表现时要把这些特征体现出来，并不是说画面中的颜色像这个季节可以了，要把它内在的感觉和意境表现出来。

8.1.2 物体的摆放

在建模过程中，一般会出现两个问题。一个是物体会悬空，这个在建模的过程中不易察觉，只有在渲染的时候才被发现，导致我们还要返回去修改模型；另一个问题就是物体会交叉，有些物体允许交叉，但是有些是不允许的。

我们在 3ds Max 中制作了一个小场景，来说明这些问题。

01 为这个场景中打一盏灯光，绘制几个物体，然后在阴影选项中启用阴影，如下图所示。将阴影显示出来的目的是为了能看清楚物体与地面交接的区域，再把线框显示出来。

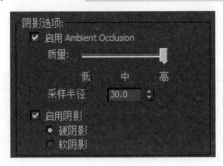

如下图所示，这里有 3 个物体，它们的形状都是不同的，这样一个不平整的地形，对于我们摆放物体来讲，稍微有一些难度，当然在实际工作中很少这样做，这里举这个例子是想告诉大家，如何在复杂的地形中摆放好物体。

02 首先选择这个球体，将它摆放在这个地形上，由于球体处在斜坡位置，因此它肯定要往下滑落，像这种球体，最好摆放在凹陷的地方，在这里会比较平稳，如下图所示。

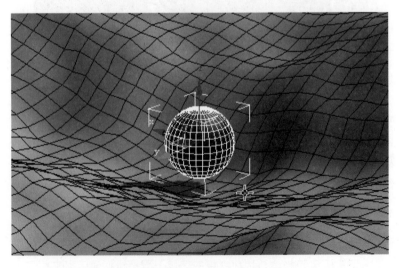

03 将它放到如下图所示位置，在摆放的时候直接让它接触到地面，可以看到这里的线框在最低点，接触到地面就可以了，不会出现这种悬空的感觉。

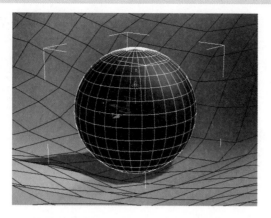

04 摆放物体的时候，也可以将附近的地形细化一下，目前这个球体的位置基本可以，但是还不够，从这个地形来看，球体所在的位置还是有一定的坡度，可以把它再向后拖曳一下，放在红色圆圈的位置上，如下图所示。

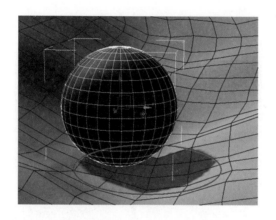

 提示 也就是说，在摆放物体的时候最好是全方位360°旋转观察。

05 再来看立方体，立方体不像球体这样圆滑，所以即使放在斜坡上，它也不会向下滑落，大概位置就在这里，如下图所示。

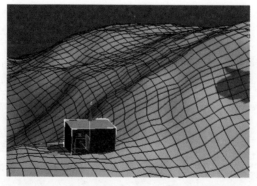

如果是在一个山坡上创建一幢房子，首先地形就要找一个比较平的，不可能是这样带有坡度的，可以找一个平整的位置，如下图所示。

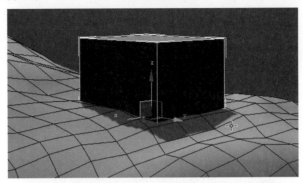

如果这个立方体现在是一幢小房子，那么房子下面的某些部分会被山坡遮挡，在我们真正制作项目的时候，在山体上肯定要有一个平面，这样是好摆放的，但是如果遇到这种不平整的情况，该如何处理呢？

06 可以将建筑往上移，让建筑的最底端脱离地形物体，再创建出一个平面，将缺少的部分覆盖，这样是比较合理的，如下图所示。

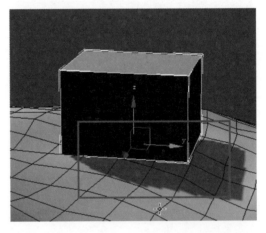

再来看一下茶壶，笔者也想让它停留在山坡上，它的形体与球体及立方体又有差异，要稍微复杂一些。如下图（左）所示，茶壶如果想放在这个坡度上，位置显然不正确，需要调整角度，使之与坡度平行，大概位置如下图（右）所示。

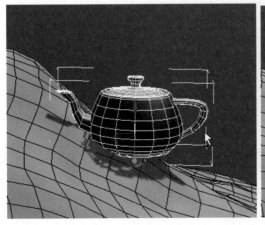

07 这也是通过旋转得到的效果，但是旋转了一个方向之后，位置不是太好，还需要合理地摆放一下，如下图所示。

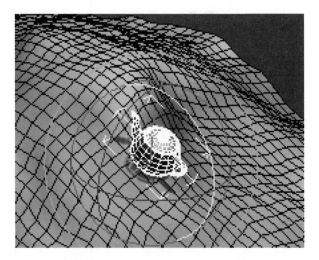

现在再观察这 3 个物体，这些物体非常平稳地摆放在地形上，并不会出现飘浮或者滑落的现象，如下图所示。

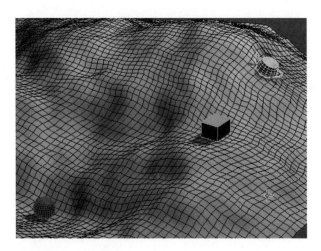

这就是摆放物体时需要注意的一些问题。

8.1.3 构图

在确定摄影机角度的时候，摄影机范围内所观察到的一切事物，它的摆放是否合理，这涉及构图知识。虽然设置摄影机的工作一般是由渲染师来完成的，但模型师也有必要了解这方面的知识，因为在制作场景时，如果不考虑构图，只是一味地往场景里添加物体，那么场景文件会越来越大，最终耗费很多内存，增加渲染时间。本小节来了解一下构图的知识。

构图的基本原则：均衡与对称、对比和视点。

1. 关于均衡与对称

均衡与对称是构图的基础，主要作用是使画面具有稳定性，如下图所示。均衡与对称本来不是一个概念，但两者具有内在的同一性——稳定。

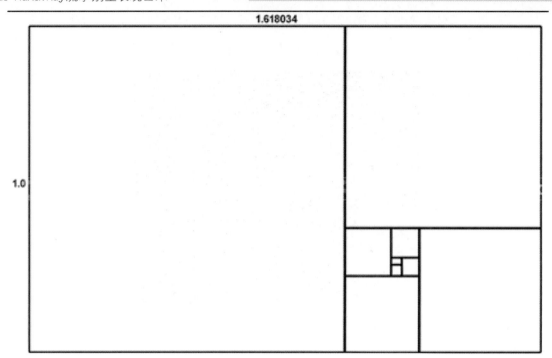

稳定感是人类在长期观察自然中形成的一种视觉习惯和审美观念。因此，凡是符合这种审美观念的造型艺术才能产生美感，违背这个原则，看起来就会不舒服。

均衡与对称都不是平均，它是一种合乎逻辑的比例关系。平均虽是稳定的，但缺少变化，没有变化就没有美感，所以构图最忌讳的就是平均分配画面。对称的稳定感特别强，对称能使画面有庄严、肃穆、和谐的感觉。比如，我国古代的建筑就是对称的典范，但对称与均衡比较而言，均衡的变化比对称要大得多。因此，对称虽是构图的重要原则，但在实际运用中机会比较少，用多了就有千篇一律的感觉。

在构图中最讲究的是"品"字形和三七律。品字形构图和三七律构图的方式常被人们称为黄金构图法，这些都是针对均衡而言。什么是"品"字形构图？就是在画面上同时出现 3 个物体的时候，不能把它们等距离放在一条线上，而应使其呈现三角形状，像个"品"字，如下图所示。

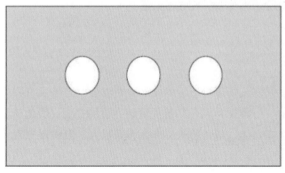
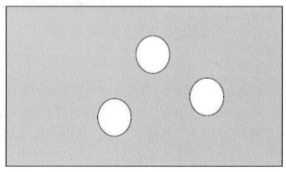

什么是"三七律"构图？它是指画面的比例分配"三七开"。若是竖向画面，上面占三分，下面占七分，或上面占七分，下面占三分；若是横向画面，右面占三分，左面占七分，或是右面占七分，左面占三分，如下图所示。

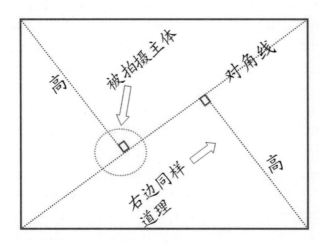

在中国美术界，这种三七开构图的布局被称为是最佳的构图布局比例关系。所谓最佳，并不是单一，或唯一，在特殊情况下，根据题材的需要，也是可以打破的，二八律或四六律也可以使用。本来艺术讲究的是有法而无定法。总之，就是为了整个画面而考虑，去应用。 对于摄影师而言，如能把均衡与对比运用自如，也就算掌握了摄影构图的基本要领了。

2. 关于对比

对比的巧妙，不仅能增强艺术感染力，更能鲜明地反映和升华主题。 对比构图，是为了突出和强化主题。对比有各种各样，千变万化，但是把它们同类相并，可以得出以下 3 类。

一是形状的对比，例如，大和小、高和矮、老和少、胖和瘦、粗和细，如下图（左）所示。

二是色彩的对比，例如，深与浅、冷与暖、黑与白，如下图（右）所示。

三是灰与灰的对比，例如，深与浅、明与暗等，如下图所示。

在一幅作品中，可以运用单一的对比，也可同时运用各种对比。对比的方法是比较容易掌握的，但要注意不能死搬硬套，牵强附会，更不能喧宾夺主。

3. 关于视点

视点构图，是为了将观众的注意力吸引到画面的中心点上。视点是透视学上的名称，也叫灭点，要把视点解释清楚，还得从视平线、地平线和水平线这 3 条线说起。视平线就是与眼睛平行的一条线。我们站在任何一个地方向远方望去，在天地相接或水天相连的地方有一条明显的线，这条线正好与眼睛平行，这就是视平线。这条线随眼睛的高低而变化，人站得高，这条线随着升高，看得也就越远，"欲穷千里目，更上一层楼"就是这个道理；反之，人站得低，视平线也就低，看到的地方也就近了、小了。按照透视学的原理，在视平线以上的物体，如高山、建筑等，近高远低，近大远小；在视平线以下的物体，如大地、海洋、道路等，近低远高，近宽远窄，向上延伸。这样，以人的眼睛所视方向为轴心，上下左右向着一个方向延伸，最后聚集在一起，集中到一点，消失在视平线上，这就是视点的由来。 摄影机的镜头就是根据人的眼睛和透视学的原理设计的。光圈好比人眼的瞳孔。瞳孔随着光线的明暗收缩或放大，所以用摄影机拍出的画面和人眼看到的基本上是一致的。在某种意义上讲，用摄影机拍出的画面比人眼看到的更为准确。有时用人眼看时，感觉不到相差的距离，似乎是在一个平面上，但拍成片子后远一点的物体就显得小了许多，这是因为透视所发挥的作用。 当我们知道了透视的原理，就可以充分发挥透视的作用了。如果想把物体拍大，只需将拍摄物体靠近摄影机；如果想把两面拍得大一些，使画面显得宽阔，就要把拍摄位置选择在高处，用俯视的角度拍摄，会得到满意的结果；如果想把物体拍出立体感，可以把拍摄角度选择在物体的侧面。根据主题的需要，视点可以放在画面上下左右的任何一点上，不论放在何处，周围物体的延伸线都要向这个点集中。 如果一个画面中出现了两个视点，画面就分散了，观众就不知道摄影师所要表达的主题在何处了。画面上只能有一个视点，这是摄影与绘画在构图上的最根本的区别。绘画讲的是散点透视，而摄影只能有一点，不然摄影的构图和画面就会乱。

在摄影作品中，出现两个视点的情况大致如下。

一是把高大的物件放在画面中央，由于透视的关系，延伸线向着相反的方向延伸，造成了画面的分割；二是想在一个画面上表现多种活动，形成了多个中心；三是在选择前景时没有留意物体延伸线的方向，不是相呼应，而是背道而驰，这在视觉上也会形成画面的分割感。

8.1.4 场景细节总结

作为场景师，在这里要特别强调一下，场景的细节是特别需要注意的，有关场景的细节我们在之前的章节中进行了详细的分析和讲解，在最后一章笔者想对场景的细节做一个总结。

还是结合这个案例进行说明，这是一个冬季的场景，在这里有很多的细节，模型阶段有模型阶段的细节处理，如下图所示。

在模型阶段可以看到，整个场景中大部分的物体都是由模型制作出来的，通过模型来体现是最直观、最直接的一个表现方式，能很自然地融合到我们的场景中，在整体渲染以后效果也非常逼真。

如下图所示，虽然这块石头添加了凹凸不平的纹理及 VRay 置换，可以体现它的细节，这里面也有贴图的功劳，但是站在模型的角度来讲，当我们对模型的点进行拉伸，并调整位置及整体形状后，也能得到一个非常不规则的石头效果，如下图所示。

如下图所示，像石头、植物、雪地等模型，都可以在模型阶段进行细化，但是这又涉及一个问题，就是我们电脑的配置，如果电脑配置一般，对于这样大的模型来说运行起来还是非常困难的，这个问题将在下一节说明。

还是回到场景细节这个话题上，这么多物体都可以进一步细化，但是在细化到一定程度之后，比如石头上这种非常细小的纹理，通过模型来表现不是不可以，只是会浪费很多时间。

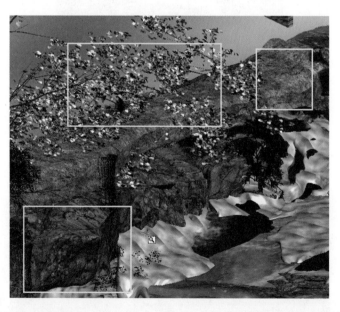

虽然通过细化模型就可以达到很完美很逼真的效果，但是这里完全没有必要处理，可以通过其他环节进行弥补，也就是通过贴图来体现它的细节。在这个场景中，笔者就使用了贴图来表现它这种非常细小的凹凸纹理，包括一些冰面的表现也是通过贴图来完成的，如下图所示。

在材质阶段，这些细节问题也是不能忽略的。往往我们在做一幅作品的时候，渲染出来的效果并不好，很多人都会在渲染面板中重新调节参数，但是效果还是不明显。此时，建议大家检查一下模型、材质，是否有不足的地方，如果渲染素模，能够产生一个很真实的感觉，渲染不会有太大的问题，如下图所示。

对于渲染细节来讲，无非就是渲染参数的一些设置，真正影响场景真实度的还是贴图和模型。

在后期阶段，主要是通过后期调节增强场景的氛围，整个工作流程就是这样。

8.1.5 对场景的控制

全模型渲染是通过模型来体现场景中每一个物体的细节，这比使用贴图得到的效果更真实一些，但是当场景中的模型量非常多的时候，机器的运行会非常慢，渲染时会提示内存不足或者是其他情况，甚至 3ds Max 会无故跳出，如下图所示。

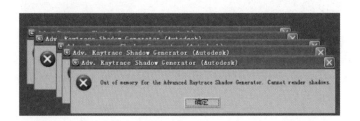

这时就需要对场景进行控制，不能在场景里导入太多的模型。作为场景师，要知道哪些地方可以通过贴图去表现，哪些地方需要通过模型去表现。

现在观察本书案例的这个场景，全部都是模型，当然这是一个模型文件，除了这些模型以外，有一些地方笔者使用了贴图来体现它的细节，比如石头，在这个场景中，石头占了很大一部分。如下图所示，打开安全显示框，可以看到在画面的中心及下面都有石头，石头大约占了画面的三分之一，石头的表现是非常重要的。

为什么要对场景进行控制呢？之前讲过，是为了减少运算量，加快渲染速度，减轻系统负担，那么这是其中一个原因，也是最重要的一个原因。在制作场景时必须要懂得取舍，通俗一点讲就是，看见的部分就做，看不见的部分可以忽略。比如在这个场景中，这些石头都是非常完整的，但是在石头的背面，全部都是空的，这一部分就可以忽略。

在整个场景中，这些石头包含有非常多的面数，显示石头的网格，可以看到，这些网格非常密，如下图所示。在面数太多的情况下，完全没有必要将石头模型做得那么全面和完整，应该把握主次和重点。

第二个原因，在场景中有许多植物，我们都知道，一棵树可能有十几万，甚至几十万个面，像这样一个场景，只有一棵树肯定是不够的，这么多树摆放在场景中势必要影响到电脑的运行速度。如果在旋转视图时，速度很慢，随时要注意 3ds Max 可能会崩溃，要及时保存好文件。

随时观察场景中的面数，在"文件"菜单下选择"属性 > 摘要信息"命令，会显示场景里面的对象个数，还有它的面数，如下图所示，目前这个场景的面数是 3087 万。

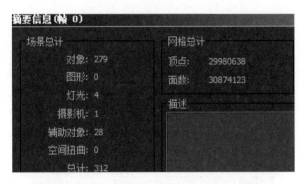

这些面数并不是场景中实际的面数，这些黑色的植物是笔者通过 VRay 物体代理后的模型，代理后的这种物体，它的面数是 0，所以在实际的场景中，面数要远远超出 3000 万。虽然这个面数看似很多，但对于这个场景来讲，还是比较适中的，这个场景有太多的细节需要处理，离我们近的地方全部需要用模型来表现，只有这样才能充分体现出它的细节，在远处可以使用一些贴图来进行制作，总之尽量让物体数少一些，面数少一些。

→ 8.2 渲染师需要注意什么

渲染师和场景师从工作流程上来讲，有一个交接关系，作为场景师，必须考虑将来渲染时渲染师的一些想法，而渲染师也必须了解场景师在制作模型时的意图，两者不可分割，只有相互配合才能做出完美的作品。

在我们的实际工作中其实也是这样，模型由一部分人来做，而贴图和渲染则由另一部分人做，工作都是分开的。那么作为渲染师需要注意哪些问题呢？

笔者在这里总结出以下 4 点。

1. 场景是哪种类型

我们用本书这个案例进行分析，首先要弄清楚，这个场景的环境是什么类型，是一个居民小区，还是树林、公园或者山区，其中地理位置决定了场景的环境。在之前的章节中，我们分析过场景的地理位置，要了解我们的项目建在什么地方，例如，是在我国的东北或者南方等，因为通过对地理位置的分析，大概就能了解到它的气候。如果是一个南方的项目（比如在海南），你想把它表现为一个冬季的感觉，在地面上添加一些积雪，这就会犯常识性错误。因为在南方地区，有一些地方会下雪，但有一些地方是不会下雪的，所以要知道场景中的环境是什么类型。

2. 灯光的目的是什么

弄清楚了场景的地理位置，以及想要表现的时间段，接下来就要考虑到灯光的设置，比如场景是表现白天，还是夜晚，是阴天，还是晴天，此时灯光的目的一定要清楚。

3. 关于解决的办法

有很多人通过在网上搜索视频教程或者购买教程，会学到一些技术，有些技法也很"炫"，但是调节起来非常麻烦，这不利于我们做表现，因为在作品制作的过程中会把大部分的精力都花在调节参数上，时间长了会影响创作灵感，笔者提倡用最简单的方法去表现，在达到效果的同时，简化操作。

4. 有些物体是否需要从光源中排除

软件毕竟是一个虚拟工具，它不能像摄影机那样，只需按一下按钮就能把真实的场景记录下来，需要我们通过自己的技术和对图像的把握及控制能力去表现场景，还达不到摄影机那种智能化的程度，所以在整个场景中，有一些物体是否从灯光中排除，不需要灯光来照射它，这种情况都要考虑到。

这 4 点就是渲染师需要注意到的地方。

8.3 时间的把握

大家还记得前面讲过的时间盘吗？这是本书一开始举的例子，讲解关于时间的一些知识，本节再对这些知识进行梳理和总结，使读者有更深的印象。

对于时间的把握其实有两点，第一就是一天中时间段的把握，第二就是制作时间的把握。我们之前分析了从早晨 6 点到傍晚 6 点这个时间段，如果这幅作品要表现早晨 6 点这种清晨的感觉，那么最终效果绝对不能是傍晚 6 点这个时候的感觉。虽然在网上搜集的很多照片中，清晨和傍晚两个时间段，它们的环境特征比较像，但还是有区别的，这里就不重复介绍了，前面有详细的内容。当然其他时间段就好区分了，比如上午 8、9 点和下午 2、3 点这个时间段，也有一些类似，但是大家要注意，中午 12 点之前，太阳散发出的这种光线，一般比较偏冷，这与清晨出现的雾及空气密度有关，到了下午，我们的视线将越来越远，没有那么多大气的效果，而更多的是灰尘，这在我国北方比较明显，所以雾气和灰尘带给我们的感觉是不一样的。

再讲一下制作时间的把握。根据项目、制作要求，以及场景师技术水平的不同，我们在做一个项目时需要对它的每一个环节进行控制。比如一个模型师，以笔者为例，现在需要制作场景，我们打开场景，对于这个场景，虽然现在看起来比较简单，它有一个建筑，很多石头，还有一个简单的地形，但工作量是比较大的。因为在每一个物体上它的细节表现都很到位，而这些细节的处理是要花时间的，所以在制作模型阶段，注意哪些地方需要细化，哪些地方可以简化，哪些地方可以忽略，在制作时间上要有一个很好的控制。

我们在表现这个建筑的时候，先要制作好它的墙体，然后制作它的窗框、玻璃等一系列元素，只有分步骤去做，才能顺利完成这个模型。如果没有一个清晰的思路，即使做好了整个场景，到最后渲染的时候还会发现各种各样的问题，这一点一定要注意。对于渲染师来讲，其实也是一样，即使有 3、4 个项目压在你身上，需要赶紧做出来，思路也不能乱。如果没有把握好这个工作流程，这些项目会让你越做越头疼，所以在处理每一个环节的时候，要确保每一个物体都完成了，然后再去做下一个，这也是笔者在工作时总结出来的经验。

8.4 感觉的把握

本节通过其他一些例子，来介绍在制作商业图时应该注意的一些问题。

本书的这个案例，笔者是根据自己的想法和思路制作的一个表现效果，如果是制作商业效果图，可能就没有这么大的自由度，那么商业建筑的感觉该如何去把握呢？首先笔者建议大家多看，无论是在网上、现实环境中，还是书籍上，我们要多看一些建筑摄影作品，因为这些摄影作品包含了很多艺术方面的元素在里面，比如构图、色彩、审美等，可以借鉴这些元素，用到自己的作品上。

不同的建筑类型适合采用不同的构图。比如别墅，它适合在仰视角度下观察，也适合站在平视的角度去看，因为它的造型一般比较丰富；对于结构复杂的建筑来讲，用任何角度来构图，都是好表现的；比如古建筑，适合在建筑正前方45°角的范围下拍摄。

而对于结构简单的建筑，表现起来就比较难。比如商业办公楼，底层有一个商场，这种建筑结构简单，很难找到合适的构图来表现。此时需要借鉴材质来表现，比如用玻璃的反射来体现出它的体量感和质感，还可以通过建筑的纹理来表现，如果还不够，可以通过环境和灯光对它进行烘托，总之一个作品少不了这些元素和工作程序，就看你使用哪种方法来表现。

如果上面没有太多想表现的内容，那么在下面有一个商场，应该是一个很繁华的区域，通过玻璃幕墙也能很好地表现出这种商业氛围。在我们的作品中每一处都能让你产生感觉，只要有这种感觉存在，我们就要抓住它，从始至终将它把握好，但是做建筑表现千万不要忽略主体，因为主体是画面中面积最大的部分，也是最出彩的部分。

中国领先的数字艺术门户

http://www.hxsd.com

登录火星　　　　成就梦想

火星时代实训基地 http://www.hxsd.cn

登录火星　　　　成就梦想